INVENTAIRE

S 2443

S

I0030841

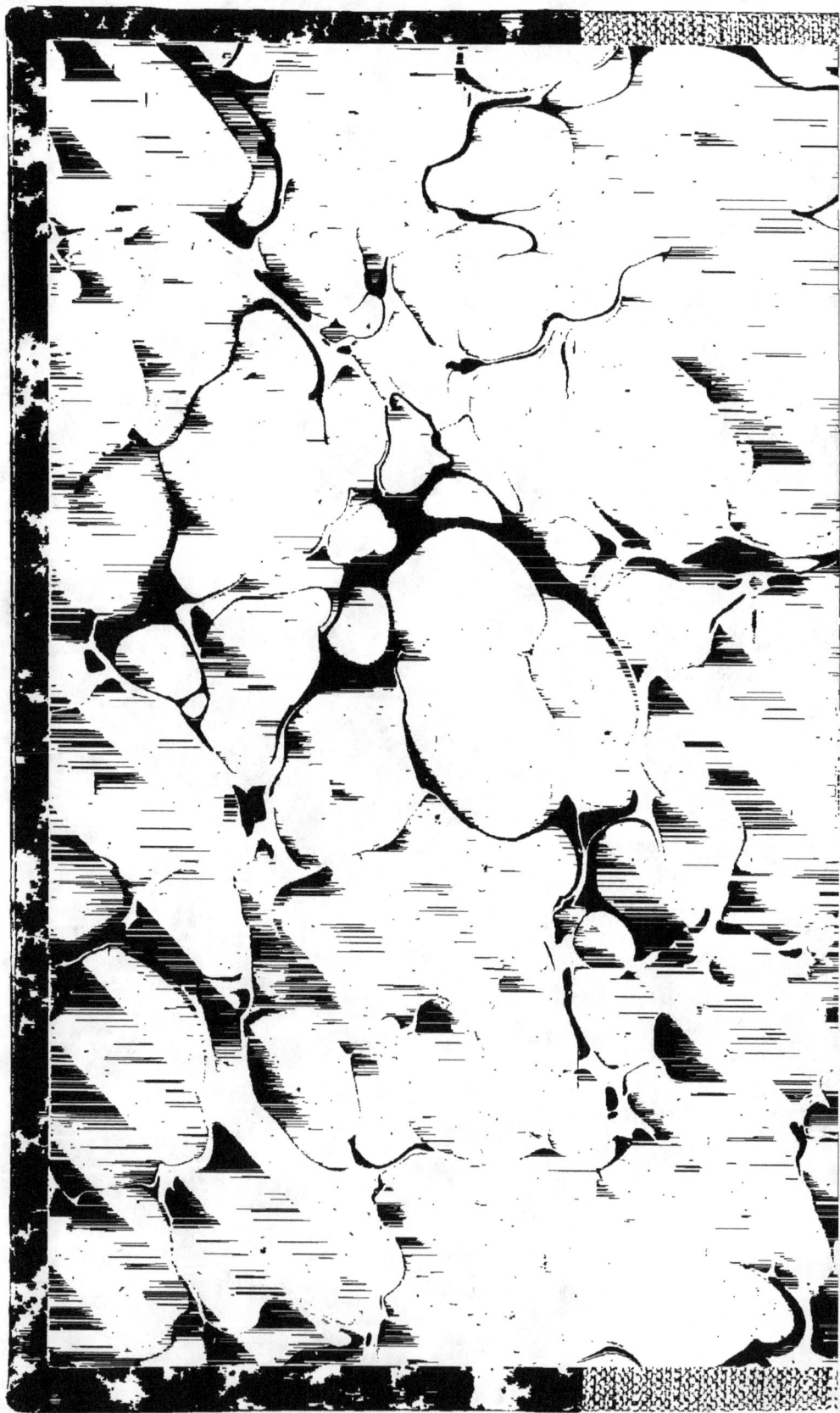

& ETTARE

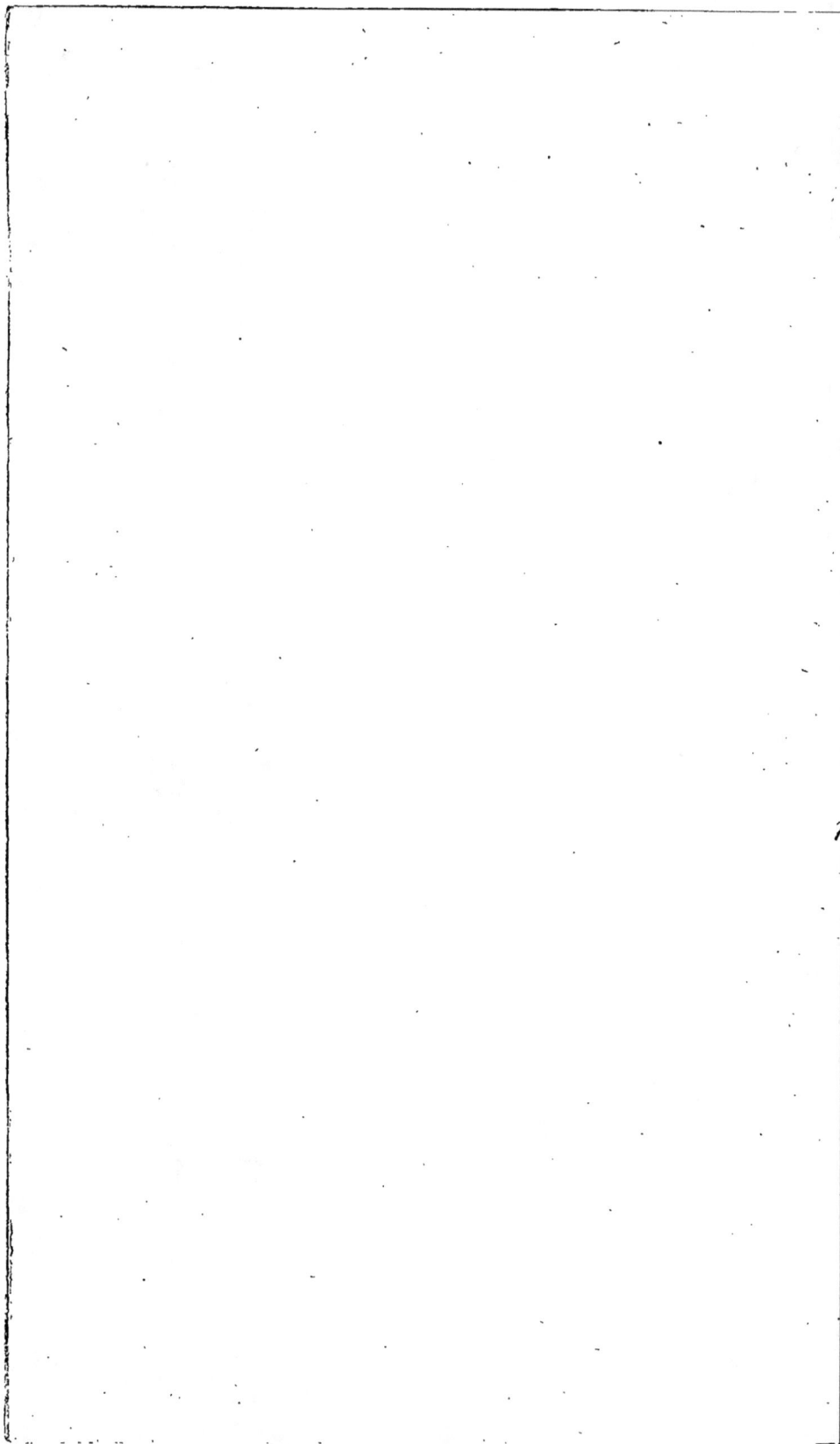

INVENTAIRE
27,473

BIBLIOTHÈQUE DU CULTIVATEUR

PUBLIÉE AVEC LE CONCOURS

DU MINISTRE DE L'AGRICULTURE

MÉTAYAGE

CONTRAT — EFFETS

AMÉLIORATIONS — CULTURE DES MÉTAIRIES

PAR

LE Cte DE GASPARIN

Membre de l'Académie des sciences, ancien ministre de l'agriculture

2e édition

PARIS

DUSACQ, LIBRAIRIE AGRICOLE DE LA MAISON RUSTIQUE

RUE JACOB, N° 26

Et chez tous les libraires de la France et de l'Étranger

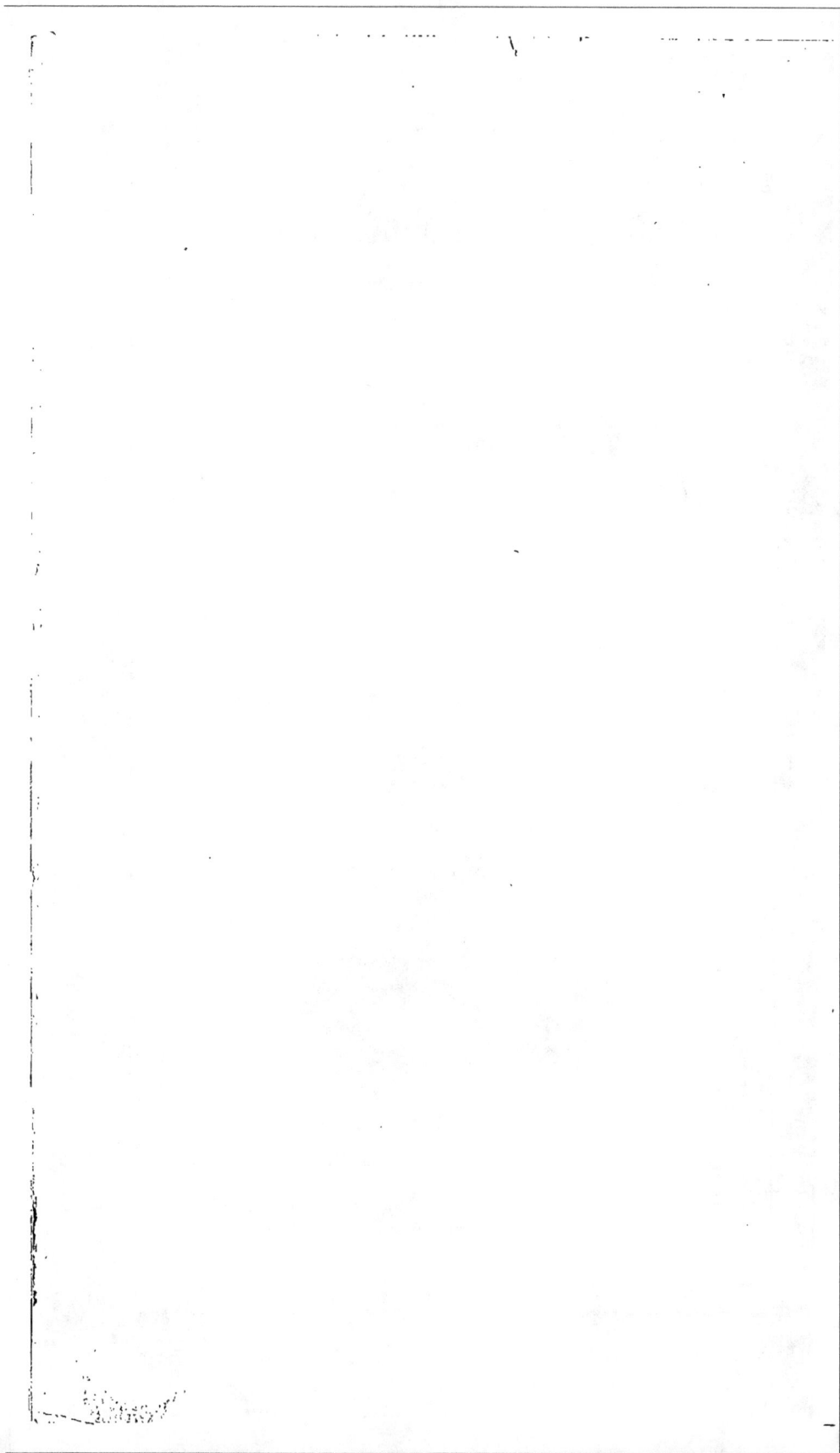

BIBLIOTHÈQUE DU CULTIVATEUR

PUBLIÉE AVEC LE CONCOURS

DE M. LE MINISTRE DE L'AGRICULTURE.

TOME IV.

7502

Imprimerie de BEAU, à Saint-Germain-en-Laye.

BIBLIOTHÈQUE DU CULTIVATEUR

PUBLIÉE

AVEC LE CONCOURS DE M. LE MINISTRE DE L'AGRICULTURE.

Tome IV.

GUIDE

DES PROPRIÉTAIRES

DES

BIENS SOUMIS AU MÉTAYAGE,

PAR

M. DE GASPARIN.

Membre de l'Institut (Académie des Sciences),
de la Société nationale et centrale d'Agriculture, etc., etc.

Seconde édition.

PARIS.

DUSACQ, LIBRAIRIE AGRICOLE DE LA MAISON RUSTIQUE,

RUE JACOB, N° 26,

Et chez tous les Libraires de la France et de l'Étranger.

GUIDE

DES PROPRIÉTAIRES

DES

BIENS SOUMIS AU MÉTAYAGE.

——•⫷⬦⫸•——

INTRODUCTION.

Le *Guide des propriétaires des biens ruraux affermés*, qui forme le premier volume de cette collection, venait à peine d'être soumis au jugement de la Société centrale d'agriculture, que déjà je cherchais à étendre cette instruction aux autres classes de propriétaires.

1

Plus de la moitié des terres de la France est
sous le régime du métayage, et nos écrivains
n'avaient encore daigné s'adresser aux propriétaires de ces terrains que pour leur repro-
cher leur incurie. J'ai cru qu'il y avait quelque chose de mieux à faire, qu'il fallait examiner leur situation, apprécier les nécessités
qui les y retenaient, et les éclairer de con-
seils basés sur la connaissance exacte des faits.
Cette étude était facile pour moi, qui avais
une partie de mes propriétés soumises à ce
mode d'exploitation. Le *Mémoire sur le métayage* est le fruit de ce travail. Il devait suivre
immédiatement le *Guide des propriétaires des
biens affermés,* mais il devait aussi être suivi
par un Guide des propriétaires exploitant par
eux-mêmes. M. Mathieu de Dombasle a rem-
pli en partie le but que je me proposais par un
Mémoire inséré dans le dernier volume de ses
Annales de Roville [1]. Cette espèce de *trilogie,*

---

[1] Tom. VIII. Des succès et des revers dans les entreprises agricoles.

complétée par un maître aussi habile, répond à toutes les situations de la propriété.

Dès l'apparition du *Mémoire sur le métayage*, il a reçu la sanction la plus désirable, celle des pays où ce mode d'exploitation s'est maintenu et a acquis son plus haut développement. Il m'a valu l'adoption de la Société des Géorgiphiles de Florence; il a été traduit en italien; les principaux journaux agricoles en ont rendu un compte détaillé; la *Bibliothèque universelle de Genève* en a donné de longs extraits. Ainsi, le retard de la publication, qui devait avoir lieu en 1827, sous les auspices de la Société centrale, n'a pas nui à son succès. Le rapporteur de cette Société avait perdu la copie qui lui avait été remise, et c'est la Société d'agriculture de Lyon qui en a, la première, ordonné l'impression en 1832.

Il y a, dans le principe du partage des produits entre le travailleur et le capitaliste, une vertu secrète qui s'adapte merveilleusement aux faiblesses de la nature humaine, qui fait taire la jalousie et la cupidité, et qui semble particulièrement adaptée à la situation actuelle des peuples. Dans les pays à métairies, on ne voit pas cette fureur aveugle contre la propriété qui anime les esprits dans ceux à fermage. Courir ensemble les mêmes chances, craindre les mêmes fléaux, se réjouir des mêmes événements, pleurer des mêmes pertes, c'est établir une confraternité qui ne laisse pas prise aux mauvaises passions.

Dans mon Mémoire, j'ai regardé le métayage comme la transition naturelle de l'esclavage ou du servage à une exploitation libre; je l'ai conseillé dans ces cas, et cette vue a été détaillée et appliquée à la position spéciale des colonies à esclaves, par M. de Sismondi.

Mais c'est moins encore l'application du principe du partage des produits aux travaux agricoles qu'à ceux de l'industrie manufacturière qui a fait naître l'envie des classes ouvrières, et qui a été invoquée comme la solution définitive du fameux problème social du salaire. Savants, ignorants, esprits positifs, esprits à système, chefs de commerce, simples ouvriers, tous ont vu avec espoir l'application aux travaux de l'industrie du système que l'on regardait dans l'agriculture cómme un vieux reste des préjugés antiques : les tailleurs de Paris n'ont fait que redire, à cet égard, ce que les mutuellistes de Lyon avaient dit, imprimé, ce que M. Taylor avait fait dans le Cornouailles, et M. Babbage proposé pour les autres genres d'industrie manufacturière. Cela mérite d'autant plus d'attention que l'état de la société exige surtout que l'on recherche les moyens de faire cesser, entre les différentes classes, les oppositions d'intérêt, ou même l'opinion que leurs intérêts soient contraires, quoique souvent il n'en soit rien. Il ne s'agit pas, en ce moment, pour les pilotes, de choisir la voie la plus directe, mais celle que le vent permet de suivre, et ils auront mérité la reconnaissance du monde, s'ils ne perdent pas de terrain, et s'ils parviennent à soustraire le vaisseau à la lame qui ne cesse de le menacer.

Mais qu'on ne s'y trompe pas, ces sociétés en participation sont tout autrement difficiles à introduire dans l'industrie que dans l'agriculture : un court examen suffira pour le prouver. D'abord, il existe dans les différents genres de fabrication une division de travail que l'on ne trouve pas dans l'agriculture, et leurs différentes parties exigent des degrés d'habileté et de force qui méritent des taux très-variés de salaire. Un métayer et sa famille accomplissent le cours entier des travaux nécessaires pour effectuer toute l'œuvre agricole : ils labourent, ils sèment, ils fauchent, ils recueillent; mais, pour faire un tissu, il faut des fileurs, des teinturiers, des tisseurs, etc., etc. De là une difficulté presque insurmontable pour établir la quote-part que chacun pourrait réclamer dans la somme totale des produits. L'estimation du travail en argent arrive, sous ce rapport, à une plus grande précision, et la désertion de tel ou tel genre de travail ne tarderait pas à annoncer la nécessité d'élever son salaire, s'il était disproportionné à la peine et à l'habileté qu'il exige comparativement aux autres travaux de la fabrique. Je crois que cette difficulté a fait échouer tous les essais faits pour créer de pareilles associations.

Dans l'agriculture, les moyennes des produits des terres et les prix de chaque nature de ces produits sont assez bien connus pour que l'on puisse baser, d'une manière approximative, le rapport qui existe entre la valeur du capital et celle du travail employé pour le féconder. Rien de pareil n'a lieu dans une manufacture. Aussi n'a-t-on jamais vu conclure de bail d'un tel établissement; l'incertitude la plus grande règne sur les résultats des entreprises industrielles. Ainsi, il peut être facile d'apprécier la part qui revient au propriétaire de terres et à son métayer ou à son fermier; mais qui pourrait faire tomber d'accord des ouvriers et des fabricants sur la part proportionnelle qui serait attribuée au capital et au travail? C'est pourquoi l'on a vu toutes les tentatives de sociétés en participation entre des capitalistes et des ouvriers finir par une vive discussion sur la part exorbitante que l'on attribuait au capital au détriment de celle qui devait l'être au travail. Il est vrai que le plus souvent ces tentatives n'étaient qu'un véritable piége tendu aux ouvriers par des personnes qui cherchaient à les exploiter en ayant l'air d'épouser chaudement leur cause.

Dans les moments d'engorgement de marchandises, où les ventes ne s'effectueraient pas, une pareille société ne pourrait non plus manquer de se dissoudre. Dans la culture des terres, le métayer, récoltant des denrées qui servent à sa subsistance et à celle de sa famille, peut attendre patiemment le moment de la vente de celles qui sont destinées à des besoins moins urgents ; mais il n'en est pas de même de l'ouvrier des fabriques, et son fil, sa toile, sa quincaillerie ne peuvent le nourrir, le loger, le chauffer sans être convertis en argent.

Enfin, il est à remarquer que de pareilles associations ne pourraient avoir lieu qu'entre des ouvriers habiles qui ne manqueraient pas d'exclure ceux qui seraient infirmes ou moins capables. Or, il est à remarquer que l'amélioration que les ouvriers recherchent dans leur sort écherrait ici à ceux qui en ont le moins de besoin, et dont les salaires sont généralement suffisants ; il est bien reconnu, en outre, que le mécontentement et la révolte sont surtout fomentés par les paresseux, les maladroits, qui ne peuvent pas gagner un salaire suffisant, et qui seraient repoussés des associations par l'intérêt même des associés, et qu'ainsi, sous ce régime, ils ne pourraient obtenir le moindre salaire, tandis que les maîtres qui les font travailler à la tâche leur paient au moins le prix de l'ouvrage qu'ils peuvent confectionner.

Sous tous ces rapports, il est difficile d'espérer que l'étude du métayage puisse fournir une utile application à l'industrie manufacturière ; mais elle est d'une grande importance

1.

pour tous ceux qui étudient l'agriculture et
les bases de l'ordre social, et je me félicite
d'en avoir éclairci les éléments[1].

[1] Cette introduction, mise à la tête de la 2ᵉ édition de
cet ouvrage, que je publiais dans le recueil de mes Mémoires, était une étude faite sur la nature du problème des
associations du capital et du travail. J'étais alors préfet du
Rhône, et j'avais eu sous les yeux une foule de ces tentatives, les unes faites de bonne foi, les autres où les ouvriers
avaient été dupes de fripons qui, sous le masque de la
philanthropie, les avaient exploités et dépouillés. A sei-
ze ans d'intervalle, je ne retranche rien à cette Introduction qui me semble renfermer le germe de tout ce que l'on
a dit, de ce que l'on peut dire sur ce sujet important.

GUIDE

DES PROPRIÉTAIRES

DES BIENS SOUMIS AU MÉTAYAGE.

L'esprit humain a un besoin irrésistible de généraliser. C'est à cette faculté que nous devons
nos progrès dans les sciences : elle crée les théo-
ries quand elle est dirigée par une saine critique
et une juste appréciation des faits ; mais quand
elle dépasse ses limites et substitue aux données
de l'expérience des vérités incomplètes ou des
analogies imaginaires, elle n'engendre que des
systèmes, assemblage artificiel de quelques faits
éloignés, que l'on rapproche par le moyen de res-
semblances partielles et d'un ordre secondaire, et
qui, utiles cependant pour arrêter l'esprit sur certaines faces des objets, disparaissent bientôt devant

les vérités nouvelles ou mieux connues qui ne peuvent trouver place dans leur cadre rétréci.

C'est surtout dans les sciences nouvelles, comme celles de l'économie politique et de l'agriculture, que l'on court risque d'ériger des exceptions en lois générales. Aussi c'est là qu'une critique patiente rend des services aussi importants que la force même du génie ; car, si celui-ci devance les faits et les devine quelquefois, l'autre, comparant les faits nouveaux aux divinations du génie, l'arrête à propos dans son élan téméraire, le porte à revoir, à étendre, à coordonner ses principes, et rend sa marche plus sûre et plus lumineuse.

J'ai déjà cherché à montrer, dans un mémoire sur les assolements considérés par rapport aux climats (1), que des analogies incomplètes avaient fait porter un jugement hasardé sur des méthodes de culture trop peu étudiées. Nous avons vu qu'il faut être très-prudent pour condamner en masse des pratiques suivies par de nombreuses populations, et qu'avant de le faire, il fallait apprécier soigneusement toutes les circonstances qui les retenaient loin du mieux absolu et les forçaient à se contenter du bien relatif.

Aujourd'hui, un autre fait me frappe vivement. Il m'est démontré que, dans tout pays où les propriétés sont réparties de manière qu'il y ait des riches et des pauvres, le mode d'exploitation agricole par fermier est le plus parfait de tous ceux

(1) Inséré dans les *Mémoires de la Société centrale d'agriculture,* 1826.

que nous connaissons. Or, comment se fait-il que ce mode ne soit pas général en Europe, et que plus de la moitié de la France, une grande partie de l'Italie et de la Suisse ne connaissent que des métayers? Est-ce une teinte de plus à ajouter à la carte de la France obscure, une nouvelle preuve de son ignorance? Y aurait-il, au contraire, une nécessité réelle et impérieuse, une cause matérielle qui enchaînerait ces peuples à une méthode imparfaite? Cela vaut la peine d'être examiné, et c'est une question qui me paraît avoir été tranchée trop hardiment par nos devanciers.

Le but de ce travail est donc d'examiner en lui-même le contrat de métayage, d'apprécier ses avantages et ses inconvénients, ses effets sur la société et sur ceux qu'elle engage, de le comparer aux autres modes d'exploitation, enfin, de montrer par quelle voie on y entre et à quelles conditions on en sort. L'économie politique appliquée à l'agriculture est une branche trop importante et trop nouvelle de la science, pour que l'on n'attache pas de l'intérêt aux tentatives que je vais faire pour y répandre quelques lumières.

CHAPITRE PREMIER.

Ce que c'est que le Métayage.

L'exploitation de la terre exige, comme celle de toutes les industries, l'emploi d'une intelligence directrice, de forces et de matériaux. Les maté-

riaux sont la terre, les végétaux et les instruments
agricoles; la force est fournie par les hommes et
les animaux; l'intelligence humaine préside à la
distribution la plus avantageuse de cette force.
Un seul individu peut quelquefois disposer de ces
divers éléments; il peut être propriétaire du sol,
employer ses bras à sa culture, et ses facultés intellectuelles à sa direction. Mais plus souvent le
propriétaire ne possède que le sol, et il doit chercher ailleurs des agents chez lesquels se rencontrent les conditions qui lui manquent et sans lesquelles il n'est point de culture. De là sont nés les
divers contrats de fermage, d'emphytéose, de redevances féodales, et enfin de métayage, dont il
est question.

Tous ces contrats ont bien la même cause, mais
ils partent pourtant de circonstances différentes.
Tantôt, comme dans le régime féodal et l'emphytéose, il convient aux propriétaires de céder leur
propriété pour un temps indéterminé, ne s'en ré-
servant, pour ainsi dire, que l'honorifique et la faculté d'y rentrer dans certaines circonstances, le
tout sous la condition d'une rente fixe dont le taux
est invariable. Tantôt par le fermage qui diffère du
moyen précédent en ce que la durée du bail est définie, et que les conditions peuvent varier à chaque
bail, selon l'état du sol et les circonstances com-
merciales. Dans ces différents cas, le propriétaire
fournit la terre; l'intelligence directrice et les forces sont fournies par le tenancier.

Ces contrats supposent donc: 1° que le propriétaire ne peut disposer ni de son temps pour diri-

ger la culture, ni d'aucun capital pour mettre les forces en action; 2° que les tenanciers ont la capacité de se charger de cette direction, soit par leurs facultés intellectuelles, soit par les capitaux accumulés ou les forces dont ils peuvent disposer.

Mais il peut se trouver un autre cas, c'est celui où le propriétaire, ne pouvant pas diriger la culture, ne rencontre que des tenanciers qui n'ont pas un capital suffisant pour l'exploitation de la propriété.

Ce capital peut être présenté comme divisé en trois portions :

1° l'une consistant en travaux annuels; 2° l'autre en instruments de culture et de récolte, parmi lesquels on doit comprendre les bestiaux ; 3° enfin une troisième destinée à payer la rente du propriétaire ou à en répondre.

Pour prendre d'abord le cas le plus simple, supposons que cette dernière portion manque seule au colon. Il est clair que le paiement du propriétaire dépendra du succès des récoltes et de leur bonne vente. Il dépendra de plus, ce qui est bien plus important, de l'économie et de la prévoyance du tenancier dans les bonnes années, vertus qui l'engageront à former une réserve pour pourvoir au déficit des mauvaises. Ainsi, dans un pays où le succès des récoltes serait incertain, où les débouchés seraient rares et où les colons seraient peu instruits, les chances de perte seraient nombreuses pour les propriétaires hypothéqués sans cesse sur la récolte à venir, et qui ne pourraient puiser dans une récolte surabondante un fonds de prévoyance, pour garantie de leur paiement, quand il en arriverait d'insuffisantes. On voit donc la presque impossibilité de conclure des fermages d'argent, quand on se trouve dans cette position.

Que si, en outre, le fermier ne possède pas les deux autres portions du capital qui lui est nécessaire, le propriétaire doit en faire l'avance; il devra pourvoir sa ferme de bestiaux, d'instruments, fournir peut-être à la subsistance des colons pendant la première année, et, dans ce cas, le paiement de l'intérêt de ses avances n'aura pas une meilleure garantie que celle du fermage.

Le métayage résout ces difficultés. En prenant une part proportionnelle de la récolte dans les bonnes comme dans les mauvaises années, part dont la valeur moyenne représente la valeur du fermage et celle de l'intérêt de ses autres avances, le propriétaire ne fait autre chose que de former, dans les bonnes années, le fonds de prévoyance qui doit suppléer aux mauvaises. En percevant ainsi son fermage à mesure des produits, il se met à couvert des effets de la mauvaise économie de son fermier, de son peu d'habileté ou de facilité à vendre, et enfin il garantit celui-ci des ventes précipitées faites par besoin d'argent et qui sont trop souvent la cause de sa ruine.

Cet exposé nous met à portée de comprendre et de définir le métayage. *C'est un contrat par lequel, quand le tenancier n'a pas un capital ou un crédit suffisant pour garantir le paiement de la rente et des avances du propriétaire, celui-ci prélève cette rente par parties proportionnelles sur la récolte de*

chaque année, de manière que la moyenne arithmé-
tique de ces portions annuelles représente la valeur
de la rente.

CHAPITRE II.

Histoire du contrat de Métayage.

La plus ancienne mention qui soit faite du contrat de métayage se trouve dans Caton (1), où le
métayer est désigné par les noms de *politor* et de
partiarius. Nous n'en trouvons pas vestige chez les
nations qui ne sont pas d'origine latine ou qui
n'ont pas fait partie de l'empire romain, mais on
le retrouve plus ou moins dans tous les pays qui
ont été soumis à sa domination. C'est donc à Rome
que nous devons étudier son origine. Les premiers
Romains cultivaient la terre de leurs bras, et
même, quand leurs richesses vinrent à s'accroître,
ils dirigèrent leurs exploitations ou par eux-mêmes
ou par leurs agents et leurs affranchis sous leur
inspection immédiate, et y employaient les bras de
leurs nombreux esclaves. La loi Licinienne, en li-
mitant l'étendue des possessions rurales et le nombre des esclaves qu'on pourrait y tenir, et enjoi-
gnant de se servir d'hommes libres pour la culture,
força les riches à avoir recours à leurs concitoyens
pauvres. Alors, sans doute, la coutume de partager les fruits de la terre entre le propriétaire

(1) De re rusticâ. *Cap.* 136 et 137.

et le cultivateur, ou le métayage, prit naissance.
Après la chute des lois agraires, on introduisit de
nouveau dans la culture cette foule d'esclaves,
genre de propriété qu'il fallait utiliser; le métayage fut presque aboli, et sous les premiers em-
pereurs, il était tellement réduit, que Columelle ne
daigne pas faire mention d'un mode d'exploitation
dont Caton parlait comme étant général : il ne
connaît plus que l'exploitation servile ou le fermage. à prix d'argent. Il n'y eut jamais, chez les
Romains, qu'un petit nombre de véritables fermiers (*coloni liberi*), et Columelle en parle même
comme d'un pis-aller que l'on est forcé d'accepter
quand les biens sont éloignés de la résidence du
propriétaire, et qu'on ne peut se procurer un bon
régisseur. Il limite leur usage aux terres à grain,
que l'on ne peut pas dégrader facilement et seulement dans des lieux stériles et des climats ri-
goureux (1). On voit bien par là que les Romains
n'ont jamais beaucoup penché pour remettre la
culture en main d'autrui, ce qui devait provenir
de la pauvreté de ces colons libres, qui ne leur permettait pas de donner de bonnes cultures, et de
leur défaut de solvabilité, comme le même auteur
le fait très-bien sentir.

Ainsi, pendant longtemps le métayage et le fermage ne furent que des cas d'exception, et la règle
fut la régie du domaine sous l'autorité du maître
et de ses agents, et par les forces de ses esclaves.
Ce système de culture servile fut arrêté ou au

_____

(1) Columelle, *lib.* 1, *cap.* 7.

moins fortement entravé, quand les frontières de
l'empire furent enfin fixées ; les populations en-
tières ne purent plus être livrées à l'esclavage par
la conquête ; l'importation des esclaves cessa, et
leur nombre diminua rapidement. Alors il fallut
bien recourir aux colons libres, et on adopta généralement l'exploitation par métayers. Une lettre
de Pline le jeune nous apprend positivement dans
quel cas et pour quels motifs les Romains se trou-
vaient alors entraînés à adopter le métayage. Ce
document curieux en dit beaucoup plus sur ce
point que les auteurs agronomiques qui nous restent et qui vivaient la plupart à une époque an-
térieure et plus heureuse (1).

Dans cette lettre, Pline s'adresse à Paulin, son
ami :

« Je suis ici retenu, lui dit-il, par la nécessité
» de trouver des fermiers. Il s'agit de mettre des
» terres en valeur pour longtemps et de changer
» tout le plan de leur régie ; car les cinq dernières
» années, mes fermiers sont demeurés fort en reste
» malgré les grandes remises que je leur ai faites.
» De là vient que la plupart négligent de payer des
» à-comptes dans le désespoir de se pouvoir entiè-
» rement acquitter. Ils arrachent même et consu-
» ment tout ce qui est déjà sur la terre, persuadés
» que ce ne serait pas pour eux qu'ils épargne-
» raient. Il faut donc aller au-devant d'un dés-

(1) Au moins Caton, Varron, Columelle. Ceux qui sont
venus après ne sont que des copistes, et se sont tus sur ce
sujet, parce que leurs originaux n'en avaient rien dit.

» ordre qui augmente tous les jours, et y remé-
» dier. Le seul moyen de le faire, c'est de ne point
» affermer en argent, mais en parties de récolte
» à partager avec le fermier, et de préposer quel-
» ques-uns de mes gens pour avoir l'œil sur la
» culture des terres, pour exiger ma part des
» fruits, et pour les garder. D'ailleurs, il n'est nul
» genre de revenu plus juste que celui qui nous
» vient de la fertilité de la terre, de la tempéra-
» ture de l'air et de l'ordre des saisons; cela de-
» mande des gens sûrs, vigilants et en nombre.
» Je veux pourtant essayer et tenter, comme dans
» une maladie invétérée, tous les secours que le
» changement de remède pourra donner (1). »

Pline, éloigné de ses propriétés, en avait quitté
l'exploitation, il avait essayé des colons libres;
mais ces fermiers n'avaient pas un capital proportionné à leur entreprise : ils ne payaient pas,
et il fallut avoir recours à des métayers.

On voit donc que, sous Trajan, les circonstances qui donnaient de l'extension au métayage et
devaient le généraliser se présentaient aux meilleurs esprits comme une nécessité impérieuse,
comme un remède au mal qui envahissait de tous
côtés la culture. Cet usage se répandit bientôt de
toutes parts, et les barbares, en envahissant le
monde romain, durent le trouver établi dans tout
l'occident de l'Europe, si l'on en juge par les
traces qu'il y a laissées. On peut aujourd'hui sui-

(1) *Lib.* IX, *épist.* 87. J'ai suivi en grande partie la traduction de Sacy.

vre ses limites au Nord par la Franche-Comté, la
Bourgogne, le Nivernais, le Berry, l'Anjou, le Poi-
tou, qui y sont soumis en grande partie, et celle
au Midi par l'Aragon, la Catalogne, qui en con-
servent des vestiges ; la Méditerranée tout autour
de l'Italie, jusqu'aux pays occupés par les peuples
slaves. Dans toutes ces contrées, il y a sans doute
de nombreuses exceptions, mais elles dérivent de
circonstances locales et particulières que nous
examinerons dans les articles suivants.

Dans son *Histoire des républiques italiennes* (1),
M. Sismondi suppose au métayage une origine
plus moderne que celle que nous avons indiquée
d'après les monuments, et qui la reporte aux plus
anciens temps de la République romaine. Voici
son hypothèse :

« Les barbares, dit-il, au lieu de ravager les
» provinces de l'empire, vinrent s'y établir à de-
» meure fixe. On sait qu'alors chaque capitaine,
» chaque soldat du nord, vint loger chez un pro-
» priétaire romain, et le contraignit à partager
» ses terres et ses récoltes. Tout ce qui restait en
» Italie d'anciens esclaves demeura dans la même
» condition ; mais les cultivateurs libres, obligés
» à reconnaître un maître dans le Germain ou le
» Celte qui se nommait leur hôte, furent con-
» traints à rapprendre eux-mêmes à travailler.

» Indépendamment de la partie inculte du ter-
» rain que celui-ci se fit céder pour y parquer ses
» troupeaux, il voulut encore entrer en partage

(1) Tome XVI, p. 564.

» des récoltes des champs, des oliviers, des vi-
» gnes ; ce fut alors que commença sans doute
» ce système de culture à moitié fruit qui subsiste
» encore dans presque toute l'Italie, et qui a si
» fort contribué à perfectionner son agriculture
» et à améliorer la condition de ses paysans. »

C'est assurément une vue fort ingénieuse que
celle d'attribuer l'origine du métayage à cette
violence de la conquête, faisant dégénérer des
hôtes en maîtres qui exigeaient la moitié de la
récolte au lieu de la moitié du terrain, forçant le
propriétaire à reprendre la bêche et à la mettre
dans la balance pour contre-poids à l'épée du soldat ; mais les textes que nous avons cités ne nous
permettent pas de l'admettre comme vraie. C'est à
des temps plus anciens et à une autre organisa-
tion sociale qu'ont appartenu l'invention, l'introduction et l'extension de ce mode d'exploitation.
Il nous reste à faire voir ce qu'il devint dans des
temps postérieurs, comment il se conserva et
comment il disparut dans les différentes contrées
qui l'avaient reçu avec la civilisation romaine.

CHAPITRE III.

Motifs qui ont borné le Métayage à la contrée désignée.

Après la chute de l'empire romain, les barbares,
qui se rendirent maîtres de la Gaule et de l'Italie,
devinrent, comme on vient de le dire, les hôtes des

propriétaires des terres, et, en cette qualité, ils exigèrent le partage de ces terres; quelques-uns, comme les Francs, paraissent s'être emparés des domaines qui étaient à leur convenance, sans règle, par violence; d'autres, tels que les Bourguignons et les Wisigoths, s'attribuèrent les deux tiers des terres, stipulant que les hommes de leur nation qui arriveraient plus tard n'en recevraient que la moitié (1). Il paraît donc qu'il s'en faut de beaucoup que toutes les terres aient été soumises à ce partage, et que le poids de la conquête ne tombât que sur celles qui se trouvèrent d'une nature et dans une position particulièrement agréables aux vainqueurs. Ainsi les peuples vaincus conservèrent une grande partie de leurs possessions. Mais, par la nature des guerres qui eurent lieu alors, le nombre des esclaves continua à diminuer, et, après Charlemagne, la réduction de toute la population devint si considérable, que beaucoup de terres restèrent en friche et tombèrent dans le domaine des seigneurs. Pendant toute cette période, les motifs que Pline donnait sous Trajan pour introduire le métayage dans ses domaines devinrent toujours de plus en plus graves, et il ne dut plus exister d'autre mode d'exploitation dans tous les pays qui avaient déjà appris à le connaître sous l'empire des Romains.

Quand plus tard les seigneurs voulurent remettre en valeur une partie de leurs immenses friches,

(1) Montesquieu, *Esprit des lois,* liv. XXX, et Guizot, *Essais sur l'histoire de France,* IVᵉ essai.

ils ne purent l'obtenir qu'en se dessaisissant de leurs propriétés contre une redevance annuelle d'une mince valeur. Ce fut l'origine des rentes féodales, et cette culture, en prenant une grande extension, remit la propriété entre les mains du peuple qui en avait été si longtemps privé. La plupart de ces rentes étaient stipulées en denrées et étaient une espèce de fermage, sauf les conditions du service personnel qui y étaient attachées. Cette inféodation s'étendit rapidement à toutes les terres qui entouraient les châteaux, les villages, les villes; mais pour les corps de domaine éloignés du centre de la population, on dut chercher un autre mode d'exploitation, et on le trouva dans les traditions et les usages qui avaient traversé l'épouvantable subversion d'où l'on sortait. Il fallut établir des colons, les aider à se former un capital, et n'exiger d'eux qu'une portion de la récolte; car, à coup sûr, l'état du commerce et celui des familles de cultivateurs n'eussent pas permis d'en espérer une rente en argent. Le métayage fut donc adopté de nouveau ou continué tout naturellement, parce qu'il était dans les coutumes et l'esprit de la population. C'est dans la conservation des traditions que l'on doit en chercher la véritable cause. Ainsi on le vit prendre de nouvelles forces dans les pays autrefois soumis à l'empire romain où il avait existé autrefois, et où probablement il n'avait jamais entièrement cessé.

Hors de ces limites, les peuples teutoniques et slaves commencèrent, comme les Romains, par la culture servile; mais, quand l'étendue de leurs dé-

frichements rendit la surveillance du travail des
serfs trop pénible, quand ils voulurent se décharger des chances et des soucis de l'entretien d'une
nombreuse population réduite en servitude, ils
eurent à résoudre le même problème que les Romains du temps de Trajan, et cependant leur position était bien différente. Chez les premiers, les
esclaves étaient un mélange des peuples les plus
divers, ne respirant que la révolte et le retour dans
leurs foyers, en dehors des lois civiles, privés des
liens de famille, abandonnés à la plus hideuse corruption; cette race ne pouvait s'accroître par elle-
même, et elle vint à dépérir quand la traite armée
cessa. Au contraire, chez les Slaves et les Ger-
mains, les serfs étaient une partie intégrante de
la nation, jamais ils ne manifestèrent un esprit
d'insubordination; les guerres serviles sont in-
connues chez ces peuples, soumis à des règles et
à des usages constants : leur esclavage ne fut jamais dur; leurs serfs jouissaient de toutes les dou
ceurs que le mariage et la paternité répandent sur
la vie. Aussi leur nombre se maintint-il au niveau
du reste de la population. Ce n'était donc pas la
disette de bras qui forçait les seigneurs de ces
contrées à chercher un nouveau mode d'administration; c'étaient plutôt leur surabondance et la
difficulté de surveiller les travaux. D'un autre côté, si les esclaves faisaient la faiblesse de l'empire
romain, les serfs faisaient la force de leurs seigneurs; c'était parmi eux qu'ils choisissaient leurs
compagnons d'armes, sans se croire obligés de
changer leur condition. tandis que les Romains

craignaient tellement une épée aux mains d'un
esclave, qu'en les appelant dans leurs armées, ils
commencèrent toujours par les affranchir.

Or, il s'agissait, dans l'un et dans l'autre cas, de
se décharger de l'entretien des serfs, tout en reti-
rant de la terre les revenus qu'elle peut offrir. Contracter un contrat de métayage, c'était affranchir,
en quelque sorte, l'homme, pour se réserver la propriété de la terre. En effet, le serf, devenu métayer, devenait maître de son temps, il avait des intérêts journaliers à débattre avec son maître, ce
qui suppose la possibilité d'en appeler à la justice
d'un tiers pour les accorder ; en un mot, c'était un
contrat synallagmatique dans lequel chaque contractant reprenait son individualité. Mais les peuples slaves et teutons ne pouvaient l'entendre ainsi ;
ils préféraient aliéner la terre et conserver l'homme :
aussi prirent-ils une autre voie et adoptèrent-ils
une autre solution que les Romains. Au lieu de
partager la récolte de leurs serfs, ils partagèrent
leur temps, leur abandonnèrent des terres à cultiver en propre, et se réservèrent un certain nombre de jours de la semaine pour en disposer à leur
profit. C'est ce qu'on appelle l'exploitation par corvées.

Il est facile de voir que, dans cet arrangement,
en partageant le temps, on ne partage ni le travail
ni les produits comme dans le contrat de métayage. Le temps des corvées exigé par le propriétaire, pour être d'une même durée que celui qui
reste au serf, n'est jamais aussi bien employé ;
l'ouvrage se fait mal et négligemment pendant sa

durée. J'ai vu, en Pologne, des terres cultivées par corvées. Au premier aspect, une vaste étendue de plus de cinquante hectares, qui venait d'être passée à la charrue, était satisfaisante à l'œil ; mais, cherchant à me rendre compte de l'état réel de l'ouvrage, je vis bientôt que le corvéable n'avait travaillé en réalité que la moitié du terrain, et qu'écartant beaucoup ses sillons, il avait seulement recouvert la partie qui était demeurée intacte de la terre renversée par l'oreille de la charrue. Ainsi il semblait avoir mis bien à profit son temps en la bourant un vaste espace, et cependant le travail était mauvais et ne pouvait être utile au propriétaire. Il en est de même de tous les travaux par corvées, il ne faut pas aller en Pologne pour s'en convaincre. Il suffirait pour cela d'examiner le travail de nos chemins vicinaux faits par ce détestable mode, qui consomme une quantité énorme de travail pour produire un modique résultat. Ce n'est donc que le désir de conserver une autorité et une action plus immédiates sur leurs serfs, qui a pu engager les peuples du Nord à se contenter du système des corvées et à le préférer au métayage.

Le métayage a existé en Angleterre, et probablement en Flandre ; mais on s'explique facilement comment les propriétaires de ces pays et ceux de la Normandie et du Milanais ont préféré le fermage au métayage, puisqu'ils ont su se procurer, grâce à la richesse du pays et à la certitude de ses récoltes, des fermiers qui offraient une garantie. C'est tout simplement un degré de plus de l'échelle des progrès agricoles qu'ils sont parvenus à franchir ;

mais que l'Espagne presque entière ait aussi adopté
le fermage, c'est ce qu'on ne comprend pas bien
d'abord et ce qui demande un examen plus atten-
tif.

Dans une grande partie de ce pays, la terre fut
inféodée par portions aux habitants, moyennant
une rente modique; dans le nord, les cultivateurs
restèrent propriétaires du sol, et les petites propriétés y sont très-multipliées et très-productives dans
le Guipuscoa, les Asturies, la Galice. En Catalogne
et dans le royaume de Valence, les terres arrosées
sont affermées à des prix assez hauts et par très-
petits lots. Dans l'Andalousie et les Castilles il y a
des terrains inféodés, mais en plus petit nombre,
et de très-grandes fermes. Il reste un petit nombre
de métairies dans les provinces du nord, comme
une trace de leur ancienne existence dans le pays.
Ainsi, mettant à part les terres cultivées par leurs
propriétaires et celles inféodées depuis longtemps,
c'est le fermage et non le métayage qui est le mode
général d'exploitation en Espagne.

Si nous comparons ce fait à l'état du pays, nous
trouverons la propriété entre les mains des grands
et celles de l'Église; les uns retenus à la cour et
dans les villes, les autres à leurs fonctions, et ne
pouvant ni les uns ni les autres surveiller l'administration de leurs biens, premier motif d'exclusion
pour le métayage, qui veut l'œil du maître.

Dans ce pays, une faible partie de la population
comparativement à la population totale, soit à l'é-
tendue du sol, est occupée à la culture de la terre,
surtout dans les provinces centrales et méridio-

nales. Parmi ceux qui s'en occupent, un très-petit nombre possède les capitaux nécessaires à l'ex- ploitation de toutes les grandes fermes : les fermiers forment donc, comme aux environs de Rome, une espèce de corps sans concurrents, et qui exerce le monopole des fermes; ils peuvent ainsi dicter la loi et obtenir des fermages à des taux excessivement bas.

De plus les produits agricoles sont généralement insuffisants à la consommation de la Péninsule; leur valeur est donc augmentée de toute celle des frais de transport des denrées apportées en concurrence : d'où il résulte que ces produits se vendent facilement et à de bons prix. De ces deux faits vient la possibilité de trouver des fermiers qui trouvent leur compte même avec une culture défectueuse. Avec ces conditions, on établira le fermage partout comme en Espagne et dans l'*agro romano*. Chargé des pleins pouvoirs des propriétaires, je me fais fort de louer toutes leurs métairies à prix d'argent, en ne disputant pas sur le prix, et ils auront bientôt des fermiers riches, qui ne tarderont pas à adopter une culture aisée et nonchalante, qui fera déserter le pays par les ouvriers, et perpétuera ce système de misère où eux seuls trouveront leur compte, et qui est la corruption du système admirable de fermage fondé sur une concurrence libre, suffisante; effet naturel du temps, de progrès lents et constants, que ne peut produire un régime social faux, dépravé, fruit de l'oubli et de la corruption des principes, et qui corrompt nécessairement tout ce qu'il touche.

2.

CHAPITRE IV.

Causes qui perpétuent le Métayage dans les pays où il est établi.

On doit sans doute compter pour quelque chose, dans les causes qui perpétuent le métayage, la force d'une habitude prise depuis longtemps et qui agit à la fois sur le tenancier et le propriétaire. Cependant on se tromperait beaucoup si on lui attribuait ici la plus grande part. J'ai toujours vu les métayers riches désirer vivement l'état de fermier et y passer avec facilité, si les conditions qu'on leur faisait étaient tolérables. Mais un fermier aisé refuse absolument de devenir métayer, et il n'y consent pas, s'il n'est complétement ruiné, à moins que ce ne soit une occasion pour résilier un bail trop onéreux. Quant aux propriétaires, ils sont toujours assez portés à changer la position incertaine et pénible dans laquelle les retient le métayage, contre un revenu certain, exempt de peines, de soin, d'embarras et de surveillance. Le premier, le plus grand obstacle à ce changement, est donc bien plus la pauvreté des métayers que leur obstination mal entendue.

Une des causes les plus puissantes qui retiennent les colons dans cette pauvreté, c'est, sans contredit, la casualité des récoltes. Rarement l'homme est doué d'assez de prévoyance et d'énergie pour mettre en réserve, sur le produit des bonnes années, ce qui doit lui manquer dans les

mauvaises. Aussi peut-on assurer que les pays
dont le climat est inconstant et où d'autres causes
irrégulières viennent souvent troubler l'équilibre
des produits sont ceux que la nature condamne
le plus irrévocablement à la continuation du métayage. Ainsi, dans des lieux exposés à des grêles,
à des pluies pendant la floraison des blés, à des
brouillards pendant leur maturation, à des inon-
dations, à des gelées printanières ; dans les pays
même de pâturage, de tous les plus propres au
fermage, où les troupeaux sont sujets à des épi-
zooties, on courra de grands dangers en contractant un fermage avec des tenanciers qu'une con-
tinuité de désastres peut rendre insolvables, et
l'on sera toujours forcé de s'en tenir à un autre
mode d'exploitation.

Les fréquentes oscillations du prix des denrées
produisent les mêmes effets. D'abord, elles rendent difficile l'estimation du véritable prix de la
rente, et dès-lors l'un ou l'autre des contractants
risquera de se tromper beaucoup dans cette évaluation. Ainsi, dans un bail pendant lequel les
prix se seront maintenus constamment hauts, le
fermier aura fait de grands bénéfices et consentira
à une augmentation exigée par le propriétaire et
rendue inévitable par le nombre des concurrents
qui voudront succéder à son heureuse position.
Mais viendront les années de baisse, pendant lesquelles le fermier épuisera non-seulement ses
économies précédentes, si tant est qu'il en ait
fait, mais encore ses propres capitaux. Dès-lors il
faudra consentir pour le bail suivant à une réduc-

tion énorme du prix de la rente ou rentrer dans le. métayage.

Ce que j'écris est justement l'histoire de ce qui s'est passé dans le Midi. Les hauts prix et les bonnes récoltes de 1815 à 1821 engagèrent un grand nombre de métayers à devenir fermiers, et les fermiers existants à offrir une forte augmentation de rente. Les propriétaires se hâtèrent de profiter de cette heureuse conjoncture. Or, il est arrivé que tous les fermages conclus à ces taux exagérés ont amené, dans les années subséquentes, où les prix ont été bas et les récoltes mauvaises, la ruine et l'insolvabilité des fermiers, la résiliation des baux, l'abandon des fermages ou la conversion de ces baux en contrats de métayage. Ainsi quelques années ont vu la tentative et le non-succès. Deux causes luttaient ici pour produire ce résultat, et il suffisait bien d'une seule. Pareil malheur ne serait peut-être pas arrivé, si les propriétaires plus modérés eussent basé le taux de leur rente sur le prix moyen des denrées, ce qui eût permis aux fermiers d'accumuler des capitaux et de pourvoir aux désastres des années qui ont succédé; mais peut-être aussi ces fermiers, peu accoutumés à ce nouveau régime et regardant les bénéfices comme acquis, n'eussent pas consenti à se lier par un nouveau bail aux mêmes conditions modérées, où il y avait encore à perdre pour eux. Quoi qu'il en soit, ce moyen était le seul qui pût fait espérer le changement du métayage en fermage dans cette contrée, s'il était possible de se promettre assez de modération et prévoyance dans les deux contractants, pour bien apprécier leur position et sacrifier le présent à l'avenir. Mais comment espérer de faire goûter aux propriétaires cette maxime : *Voulez-vous avoir des fermiers solvables? commencez par les enrichir ;* comment surtout la faire entendre à la masse des propriétaires, car c'est la masse qu'il faudrait persuader !

La division des propriétés dans un pays produit des effets divers, dont les uns tendent à perpétuer le métayage sur les grands domaines qui restent au milieu des propriétés divisées, et les autres donnent aux propriétaires des facilités pour en sortir. Ainsi l'ambition trop peu réfléchie des métayers les porte à acheter des terres au fur et à mesure de leurs petites économies et avant de s'être assuré une existence indépendante. Ce placement, le plus solide de tous, ne peut leur donner, à cause de l'exiguité de l'intérêt, les mêmes chances ascensionnelles que le ferait le même capital placé convenablement en augmentation de leur cheptel ou en perfectionnement de leur culture; . mais ils suivent la pente générale qui est de parvenir à l'état et à la considération de petits propriétaires.

D'un autre côté, cette cause agit en perfectionnant la culture; les soins donnés aux petites propriétés introduisent dans le pays une foule de cultures industrielles et lucratives, entraînent à la remorque de la culture des grands domaines et les forcent à adopter une partie de leurs progrès. Mais cette imitation est ordinairement si lente et si faible, qu'un intervalle immense sépare les terres divisées de celles qui sont restées réunies. Ainsi tout concourt à porter les propriétaires à faire de petites fermes, dans des proportions qui s'adaptent à la culture perfectionnée et aux facultés générales du pays. Dès-lors non-seulement la rente augmentera de prix par ces perfectionnements, mais on pourra passer du métayage au fermage, parce que le capital nécessaire à l'exploitation sera proportionné aux ressources des habitants qui y placeront leurs économies dormantes, toujours très-considérables dans ces pays où l'on accumule pour attendre les occasions d'acheter.

Quand un pays est éloigné des grands marchés et des communications qui y aboutissent, les ventes sont bornées à la consommation locale, et il devient difficile à un fermier de réaliser à point nommé les produits de ses cultures. Dans cette situation, le fermage des biens en pâturages est le seul possible ; mais, quant aux terres à blé, le métayage est presque forcé, parce que le métayer, qui consomme la plus grande partie des denrées qu'il récolte et n'a qu'un faible excédant à vendre, est assez indifférent à la difficulté de la vente.

Enfin on ne peut disconvenir que l'ignorance, le défaut d'industrie et d'activité n'agissent puissamment pour retenir dans le métayage les pays même favorisés sous d'autres rapports. En éclairant les paysans, les propriétaires trouveront l'avantage de les rendre susceptibles de calculer leur position, d'apprécier les avantages de l'indépendance du fermier, de comparer les bénéfices qu'il peut se promettre à ceux bien inférieurs qu'il doit attendre en achetant des terres, de leur faire désirer d'atteindre à un sort meilleur et de sortir de la médiocrité indéfinie dans laquelle les retient le métayage : médiocrité inhérente à ce mode de culture. En général, les propriétaires ne savent pas assez ce qu'ils gagnent à avoir affaire à des tenanciers instruits ; quand l'ignorance calcule, comme elle est dans le vague, elle a toujours soin de faire pencher fortement la balance de son côté ; de là l'impossibilité de contracter avec elle. J'ai toujours trouvé bien plus de ressources, soit pour la nature de mes transactions, soit pour leur exécution, avec les paysans instruits qu'avec ceux qui ne le sont pas, et l'habitude qu'ils pourraient acquérir de l'arithmétique et de la comptabilité substituerait, je n'en doute pas, un grand nombre de fermes à des métairies que le défaut de confiance en leurs propres lumières les fait s'obstiner à conserver.

CHAPITRE V.

Condition du Contrat de Métayage.

Considéré sous la forme la plus simple, le contrat de métayage est donc celui où le preneur se charge de la culture d'un terrain, garde une portion de la récolte pour représenter le prix de son travail, en rend une autre portion au propriétaire, comme prix de la rente de ce terrain.

Mais il est évident que la variété des terrains et des circonstances de culture ne comporte pas un rapport uniforme entre ces deux portions de la récolte, et que, quoiqu'on ait souvent appelé le métayage fermage à mi-fruit, la rente doit être représentée tantôt par la moitié, tantôt par plus, et d'autres fois encore par moins de la moitié de la récolte.

Si nous examinons d'abord les variations causées par la nature du sol, nous verrons que, sous un même climat, des terres d'égale ténacité, demandant des frais égaux de culture, peuvent être rangées dans la classe des bonnes ou mauvaises terres, selon la richesse de leurs principes organiques. Ainsi, soit un hectare qui produise en moyenne 24 hectolitres de blé, et une autre terre de même ténacité qui n'en produise que 10, toutes deux cultivées par le propriétaire avec les procédés de nos métayers du Midi (1)..

	fr.	c.
La première coûtera de culture . .	59	60
Pour remplacement du cheptel usé. .	10	40
	70	00

Le produit sera :

La $\frac{1}{2}$ de 24 hec. de blé à 24 fr. . .	288	00

L'autre moitié représente l'année de jachère.

Reste pour la rente du propriétaire.	218	00

ou les $\frac{76}{100}$ du produit brut, environ les $\frac{3}{4}$.

(1) Voyez, pour les éléments de ces calculs, mon Mémoire sur la culture du blé dans le Midi, imprimé dans ce volume, à la suite de cet ouvrage.

La seconde, dont les frais seront
aussi de. 70 00
produira la moitié de 10 hectolitres. 120 00

Reste pour le propriétaire. . . . . 50 » 00

Les $\frac{42}{100}$ ou les $\frac{5}{12}$ de la récolte.

Si, la fécondicité restant la même, on fait varier la tenacité, les frais de culture variant aussi,
la rente subira des changements proportionnels.
Les autres qualités du terrain, comme sa facilité
à se dessécher, en augmentant ou diminuant les
difficultés des travaux contribuent également
aux variations de la portion disponible de récolte
affectée au paiement de la rente.

Le climat a aussi une grande part dans ces variations, en rendant le sort des récoltes plus
ou moins chanceux. Ainsi, dans un pays où les
récoltes courraient une chance de destruction
tous les cinq ans, on trouverait dans le premier
cas que la récolte complète pendant ce laps de
temps étant de. 1440
La chance, à cause de l'année de jachère,
étant pour la perte de récolte $\frac{1}{10}$. 144

il resterait pour récolte. 1296
Les cultures compteraient toujours pour
5 ans. 350

                                         946

Par conséquent, la part du propriétaire ne devrait être que de 189 fr. 20 c. par an, ou les
$\frac{65}{100}$ environ, au lieu des $\frac{76}{300}$ de la récolte, et dans

le second caš, récolte complète de 5 ans.ʹ .   600

Diminuée d'un dixième.   60

                                  540

Moins la culture.   350

                                  190

C'est-à-dire qu'il resterait pour le propriétaire 38 fr. par an ou les $\frac{31}{100}$ de la récolte au lieu des $\frac{42}{100}$.

L'état de l'industrie et du commerce peut aussı influer sur cette part, car il y a toujours une portion de la dépense de culture, celle qui consiste en achats de bestiaux et d'instruments, qui peut varier selon le prix de ces objets et la rendre plus ou moins coûteuse.

Enfin le plus ou moins de perfection de l'agriculture contribue puissamment dans le rapport qui existe entre le produit brut et le produit net; car une terre peut donner une récolte de 4 avec 1 de culture, et une de 5 avec 2 de culture. Dans le premier cas, le propriétaire aura à prétendre les $\frac{3}{4}$, dans le second cas il n'aura que les $\frac{3}{5}$, et cependant il obtiendra 3 dans l'un comme dans l'autre cas. Or, il serait souverainement injuste que l'excédant de produit du second cas, ne provenant que d'une augmentation de frais de culture, vînt en augmentation de sa part. Cette raison, jointe à l'invariabilité générale des conditions des baux de métayage, est celle qui arrête le progrès de la culture dans ce genre de bail.

Il est donc vrai de dire que les parts respectives du propriétaire et du fermier devraient varier non-seulement sous le rapport constant du sol , du climat, mais encore sous celui bien plus mobile du plus ou moins de perfection de la culture , considérée non-seulement dans le pays, mais dans l'individu qui l'exerce. Le fermage à prix d'argent se prête merveilleusement à ces circonstances diverses ; il se fractionne aisément, il atteint le dernier degré de précision que l'on veut lui donner; le propriétaire et le fermier d'accord une fois sur la valeur de la rente, ce dernier peut porter sa culture à toute l'intensité possible , sans craindre d'en voir sa condition empirée. Il n'en est pas ainsi des portions fixes de récoltes , dont les dénominateurs compliqués ne seraient pas compris des cultivateurs ordinaires, et qui, par leur inflexibilité , ne se prêtent pas à d'autres combinaisons de culture que celles pour lesquelles elles ont été fixées, et forment un régulateur invariable qu'il semble impossible de dépasser.

Cependant quand il ne s'agit que d'apprécier et de niveler des situations différentes et bien déterminées, on y parvient très-bien au moyen du métayage, n'y ayant jamais que l'imprévu et l'inusité qu'il se prête mal à admettre. Ainsi, s'agit-il d'un terrain de meilleure qualité qu'un autre ; dans le premier, le fermier fournira la semence ; dans l'autre, elle sera prise sur le tas commun avant le partage , et s'il est encore inférieur, le propriétaire en sera chargé. D'autres moyens se présentent encore , en laissant intacte la condition du partage égal des fruits. Dans le cas où il s'agit de favoriser le métayer, le propriétaire peut, par exemple, fournir le cheptel en entier ou l'entretenir de moitié avec le fermier; il peut lui abandonner le produit entier du bétail de rente, etc.; comme aussi, quand il s'agira d'avantager le propriétaire, le métayer peut ajouter à sa part une quantité déterminée de fruits et peut payer une rente en argent plus ou moins considérable, représentant la valeur du bétail de rente, etc. Enfin les récoltes industrielles, telles que les cocons, la garance, le vin, etc., sont soumises à une foule de conditions qui servent à égaliser les positions respectives des deux contractants.

Aussi est-il toujours très-difficile de se faire une juste idée du produit d'une métairie, si l'on n'entre dans une foule de détails accessoires qui établissent ces différentes compensations.

Cette estimation est infiniment plus simple dans les pays où l'on se résout à faire varier les fractions qui indiquent la part des produits, et à l'étendre uniformément à tous ceux de la métairie. C'est ce qui se pratique dans le Berry et ailleurs, et c'était aussi le moyen employé par les Romains. Mais, comme nous l'avons déjà dit, ce système absolu se prête moins bien à représenter toutes les positions, parce que l'on n'altère jamais la fraction au point qui serait nécessaire pour cela. Ainsi, au lieu de percevoir la moitié, on ne perçoit que le tiers; mais ces deux fractions produisent déjà une assez grande différence, et il serait bien difficile de persuader aux paysans et même aux propriétaires d'y substituer des fractions qui eussent des dénominateurs plus forts, et qui ne produiraient pas une idée claire dans leur intelligence.

Il faut donc convenir que la constance de rapport dans les portions de récoltes principales, en admettant comme variables toutes les conditions du second ordre, est un moyen bien plus exact, bien plus commode : elles ont d'ailleurs cet excellent côté, que, quand on fait varier les parts, leur rapport s'établit tyranniquement dans le pays, et s'étend à des sols très-divers de qualité, mais qui ne le semblent jamais assez pour exiger une aussi grande réduction que le serait celle du sixième de la récolte, que l'on opérerait en portant la part de propriétaire de $\frac{1}{3}$ à $\frac{1}{4}$, tandis que les détails secondaires comportent une variété infinie de différences, qui se prêtent à toutes les situations et à tous les domaines en particulier ; ce qui fait que l'expérience acquise par les métayers leur permet d'arriver, par ces combinaisons, presque aussi juste à la valeur réelle de la rente, que s'ils l'estimaient toute en argent.

Il n'est pas inutile d'examiner ce que pratiquaient les anciens avec leurs colons *partiarii ;* cette étude nous mettra à portée d'éclaircir encore mieux cette question. Nous savons par Caton (1) que, dans les meilleures terres de Casinum et de Vénafre, les *politores* avaient la huitième corbeille ; dans celles de la seconde espèce, la 7me ;

(1) *Cap.* 236.

et enfin la 6ᵐᵉ dans celles de la troisième. Le blé mesuré à la corbeille était probablement en épis, car il remarque que, dans cette dernière espèce, il avait la 5ᵐᵉ partie, si le blé était mesuré au *modius*. La différence représentait donc les frais du dépiquage.

L'exiguité de cette part nous prouve d'abord que tout le cheptel était fourni par le propriétaire. Voyons donc, dans ce cas, ce qui devait revenir au fermier.

D'après Caton et Varron(1), les terres de l'Étrurie, où était situé Casinum, rendaient quinze fois la semence, qui consistait en 5 *modius* par *jugerum*, ce qui revient à 1,68 hectolitres de semence par hectare, et à une récolte de 25,20 hectolitres pour cette mesure de terre. Le fermier, ayant la huitième partie, recevait donc 3,15 hectol. pour sa part de la récolte de blé. Or, cette récolte ne représentait que son travail, qui peut être estimé à 28 journées par hectare de terre semé en grain. Il y avait donc, au prix que nous avons supposé plus haut, la moitié de la valeur de 3,15 hectol., ou 37 fr. 80 c. pour ces 28 journées, ou 1 fr. 35 c. par journée moyenne. On voit donc que le travail était suffisamment payé, et plus que les ouvriers ne reçoivent aujourd'hui dans la même contrée.

D'après le calcul fait au commencement de cet article, le métayer aurait dû recevoir le $\frac{1}{4}$ du produit; c'est donc environ un $\frac{1}{8}$ qui représente ici l'intérêt de la valeur capitale des animaux, leur

(1) Varron, *lib*. I, *cap*. 44; Caton, 136.

remplacement, l'usé des outils, etc. On va voir que ce n'est pas trop.

Columelle (1) nous dit que chez les Romains une paire de bœufs labourait une surface de terre suffisante pour ensemencer 125 *modius* de froment ou 25 *jugera*, qui font environ 10 hectares, mais qu'en même temps ils étaient employés à ensemencer une quantité égale de terre en légumes et blé de printemps. Il est donc évident que la culture du froment n'employait que la moitié du travail des bœufs. Ainsi un hectare de froment représentait $\frac{1}{20}$ de ce travail.

Si maintenant nous admettons avec Dickson (2) que la valeur du cheptel d'une ferme, en tant qu'elle est employée à la culture du blé, soit ainsi qu'il suit :

	Valeur en modius de blé	le 20ᵉ
Deux bœufs.	220.	11
Deux charrues.	40.	2
Une charrette.	125.	6,2
Herses et instruments divers.	25.	1,2
L'entretien des bœufs.	275.	13.7
Total.		34,1
Dont l'intérêt à 6 p. 100.		2,0
L'entretien, 1/10.		3,5
Total par an.		5,5
Et pour deux ans, à cause de la jachère.		11,0
La semence.		12,5
Total.		23,5

(1) *Lib.* II, *cap.* 13.
(2) *Agriculture des anciens*, tome II, page 136 de la traduction.

Dont la moitié pour un an.   11,7
Ce qui, ajouté à la part du fermier.   23,4

                              Donne. . . .   35,1
Ce qui équivaut à.   5,5
Or, il revient au propriétaire, selon nos calculs.   9,4

Ce qui, réuni, donne bien.   14,9
un peu plus que la récolte, que nous avons dit être
de 25,20 en deux ans, et pour un an de 12,6 hect.
Ainsi la part du propriétaire ne serait même pas
tout-à-fait ce qu'il a à prétendre sur des terres de
cette qualité. On voit donc que le *partiarius* romain n'était pas plus maltraité que nos métayers.

    Il est donc bien facile de se tromper sur les
apparences, dans les conditions de ce genre de
tenure. Certainement, dans un pays où l'usage est
de tout diviser en deux parts égales, un métayer à
qui l'on proposerait de ne prendre que le quart et
d'être déchargé de l'entretien du cheptel ne man-
querait pas de se récrier, et croirait traiter avec
bien du désavantage. Nos métayers trouvent leur
garantie contre toutes ces erreurs dans un grand
attachement aux usages locaux, qui se sont modifiés peu à peu, au point de rendre les conditions
égales, et les dispensent de calculs que leur ignorance ne leur permettrait pas de faire.

CHAPITRE VI.

Effets du métayage sur la condition des propriétaires.

L'effet que redoutent le plus les propriétaires dans le métayage, c'est l'incertitude de la valeur annuelle de la rente. En effet, elle varie à la fois comme la masse des récoltes et comme leur prix. Elle subit donc une alternative continuelle de hausse et de baisse, qui ne permet jamais d'établir les calculs économiques d'une famille sur des bases solides ; ce n'est que par un grand esprit d'ordre que, dans ces alternatives d'aisance et de gêne, on peut niveler ses dépenses sur un taux moyen, en économisant sur les bonnes années de quoi pourvoir au déficit des mauvaises. Cet esprit de prévoyance est trop souvent étroit, et peut conduire à l'avarice et à la lésine. Il retient le propriétaire dans une position bornée, inférieure à celle qu'il pourrait prendre si ses rentes étaient mieux assurées ; il le détourne de ces grandes opérations dont il faudrait attendre longtemps le profit, et lui fait redouter les innovations, qui présentent toujours des chances de perte à côté de celles de succès. C'est l'effet nécessaire d'un état dans lequel les bénéfices ne semblent jamais acquis, mais sont toujours hypothéqués aux malheurs de l'avenir.

Pline avait bien senti un des principaux incon-

3.

vénients du métayage pour le propriétaire riche qui possède un grand nombre de métairies. Il consiste dans les soins et la surveillance exacte dont il ne peut se dispenser, surtout aux moments des récoltes, surveillance qui devient d'autant plus pénible qu'elles sont plus variées. Mais n'eût-il même que celle du blé, il ne peut l'abandonner un instant depuis qu'elle a commencé à mûrir ; la mauvaise foi peut s'exercer soit dans le transport des gerbes à l'aire ou à la grange, soit lors du dépiquage, et bien plus facilement encore si le battage se fait successivement, soit lorsque le blé est vanné, jusqu'à ce qu'il soit mesuré. Enfin il n'est garanti de la fraude que quand il tient la récolte sous sa clef, dans son grenier. En vain dirait-on que l'on ne doit prendre un colon qu'après avoir connu sa probité, et qu'ensuite il faut avoir pour lui de la confiance. Une surveillance exacte n'en est pas moins nécessaire pour prévenir la naissance des abus et la tentation de mal faire, que la misère et l'absence de surveillance peuvent engendrer trop facilement.

Mais si les récoltes exigent la principale action du propriétaire, il a à veiller encore sur les cultures, qui peuvent être faites d'autant plus négligemment que le métayer a des terres en propre, où il recueille en entier le produit de son travail, tandis qu'il n'en perçoit que la moitié sur les terres d'autrui. Il doit s'assurer qu'il ne tire pas profit de son temps en allant travailler à prix d'argent pour ses voisins avec les animaux nourris sur le domaine, et que les fumiers n'en sortent pas pour engraisser

d'autres terres. En un mot, si le propriétaire des
terres à mi-fruit est déchargé de la sollicitude des
cultures, s'il n'a pas à penser à leurs menus détails,
cette surveillance habituelle, qu'il ne peut négliger, est pour lui la nécessité la plus fâcheuse.

Comme dans les métairies il y a toujours cer-
tains genres de récoltes qui sont entièrement au
profit du métayer et de son bétail, sa tendance
sera toujours d'en augmenter l'étendue aux dépens de celles dont les produits se partagent. Ainsi,
dans le cas où le bétail est à son compte, il accroî-
tra outre mesure ses fourrages et ses dépaissan-
ces; mais les résultats de ces empiétements peuvent être avantageux au propriétaire de plusieurs
manières : en augmentant les engrais et la fertilité
des terres, en accroissant les revenus des bestiaux
et en lui donnant par la suite la facilité d'augmenter la rente qu'il en tire. Il doit donc être très-
libéral dans les concessions de ce genre. Il n'en
est pas de même des cultures jardinières que le
métayer cherche à étendre chaque année. Là, il
emploie une grande masse de fumier pour mettre
dans un grand état d'opulence les terres les plus
voisines de la ferme, et surtout celles qui peuvent
s'arroser, aux dépens de la fertilité du reste du
domaine. Il sait d'ailleurs qu'il tire toujours la plus
forte part des produits des jardins, parce que la
jouissance en reste indivise et qu'il se trouve sur
les lieux pour en profiter à toute heure. On voit
par ces détails, que je pourrais étendre indéfiniment, comment le système de métayage devient
d'autant moins avantageux au propriétaire, qu'il

ne peut toujours le surveiller facilement et se prévaloir de tous ses produits, et qu'outre la gêne de cette surveillance incommode, il peut être lésé de plusieurs manières, ou directement par la fraude dans le partage des récoltes, ou indirectement par la soustraction d'une partie du temps du métayer et des animaux nourris sur sa ferme, ou par celle d'une portion des terres et des engrais qui devraient lui apporter un revenu, et que le métayer tourne à son avantage. Ces inconvénients, qui ne se rencontrent pas dans un fermage à prix d'argent, rendent le métayage d'autant plus onéreux au propriétaire, que sa résidence est plus éloignée de son domaine et que ses visites peuvent y être moins fréquentes.

Mais ce n'est pas tout encore : il faut qu'il ajoute à tous ses embarras celui de la vente des denrées qui constituent son revenu. Cette gêne, qui serait peu sentie dans une grande ville, où l'on peut vendre en gros, dès qu'on le désire, tous les genres de marchandises, s'étend à tous les moments dans des circonstances moins favorables. Elle assujettit à des détails, à des délais, à des démarches sans relâche, et qui, dans les années d'abondance et de bas prix, prennent un temps considérable, et empêchent un grand propriétaire de pouvoir disposer aussi librement de sa vie que sa fortune semblerait devoir le permettre, d'autant plus que ces ventes se font souvent à crédit et à terme, et que le paiement le met en rapport avec des débiteurs dont tous ne sont pas exacts ou solvables, ce qui entraîne dans des discussions multipliées. Heureux encore s'il réalise avant la fin de l'année la plus grande partie de ses revenus, et s'il ne lui reste pas beaucoup de marchandises qui demandent des soins particuliers, quelquefois de grands établissements pour leur conservation, et enfin qui, malgré ces soins, peuvent encore s'avarier et périr entre ses mains.

Ce tableau n'est pas chargé ; il n'est que la peinture trop fidèle de ce qu'éprouvent les possesseurs de métairies; mais, d'un autre côté, si nous comparons leur sort à celui des propriétaires, obligés, sans vocation, à faire valoir eux-mêmes leurs terres, et de l'autre celui des obstacles que l'on éprouve en s'obstinant à conclure des baux à ferme, quand le pays ne présente ni les capitaux, ni les hommes qui pourraient concourir à l'exécution de ce plan, on jugera que tous les inconvénients que nous venons d'indiquer sont encore les moindres que l'on puisse choisir; que si, d'un côté, on ne peut, comme le propriétaire qui exploite, adopter facilement un système progressif d'amélioration, d'un autre côté, on n'est pas toujours alors en position de faire les avances qui sont nécessaires pour leur exécution et qu'alors la culture de ce propriétaire est pire même que celle des métayers, et qu'en se décidant à faire les dépenses nécessaires, ces plans ne sont pas inexécutables, même avec des métayers, comme nous le verrons plus loin. On verra que si l'on est engagé dans des soins de surveillance et dans des détails pénibles, au moins ils n'occupent pas toute la vie, comme le fait l'exploitation dont on se charge, et

qu'il reste du loisir et du temps à donner à d'autres
affaires, et que si l'on vient à comparer le métayage bien conduit à un fermage hasardé la compa-
raison n'est pas moins favorable au premier, en ce
qu'on est assuré de tirer une rente de sa terre; que
cette rente est aussi complète que le comporte la
localité, tandis qu'un fermage conclu en dépit des
circonstances fait courir le hasard de tout perdre,
et qu'on ne peut jamais le conclure dans les pays
où il n'est pas usité, qu'au moyen de grands sacrifices et en abandonnant une partie de la rente à
celui qui veut bien s'en charger.

CHAPITRE VII.

Effets du métayage sur la condition du colon.

L'incertitude où se trouvent les ouvriers de
pouvoir toujours trouver un emploi utile de leur
temps est le plus grand mal qui les afflige. Avoir
des bras, des forces pour unique bien, et ne pouvoir en faire un usage utile, est une calamité qui
ne frappe que trop souvent les prolétaires dans les
pays où cette classe est réduite uniquement à attendre son pain du travail qui lui est offert par les
tenanciers. L'assurance d'un travail constant et
justement rétribué est aussi le bien le plus grand
des métayers, et celui qui fait désirer si vivement
cette condition à ceux qui n'ont pas le bonheur
d'y être parvenus dans les pays où les terres se
louent à mi-fruit. En effet, dans les métairies d'une

grandeur suffisante, on trouve rarement la misère, et des familles nombreuses s'élèvent sous la garantie du contrat de métayage.

Si le métayer a des ordres à recevoir de son maître pour l'ordre des cultures, parce que celui-ci est intéressé directement à leur succès, et s'il jouit ainsi d'un degré de moins d'indépendance que les fermiers, cependant les ordres qu'il reçoit ne peuvent jamais être de nature à ne pas être modifiés par sa propre opinion; et ses intérêts sont mis aussi dans la balance. D'ailleurs on conçoit que les directions du propriétaire ne peuvent jamais être que fort générales et concernent seulement la conduite du domaine dans son ensemble; elles ne pourraient être détaillées et de chaque moment sans beaucoup d'inconvénients. Ainsi le métayer est le plus souvent la partie dirigeante des travaux, et il jouit d'une position bien moins subordonnée que le simple ouvrier ou le maître valet. Cette circonstance le rend fier de son état. Chef du *ménage des champs*, il acquiert une considération que l'on n'a pas pour les prolétaires. L'état de métayer est donc vivement recherché et devient l'ambition de tous ceux qui peuvent réunir le petit capital nécessaire pour obtenir une métairie.

Cet état d'indépendance des métayers favorise trop souvent leur penchant à l'indolence. Ils s'habituent à travailler mollement; et, sans en juger même par une expérience suivie, on sait généralement qu'ils sont de mauvais ouvriers à la journée. Deux inconvénients contraires les retiennent dans cet état; d'abord, sur leurs métairies ils ne font que le plus nécessaire, craignant, par un travail extraordinaire, de faire une concession à leurs maîtres, et de ne pas retirer assez de fruit de leur labeur. Aussi ne savent-ils rien de mieux que la maxime de Pline : *Benè colere necessarium est, optimè damnosum* (1). Ils la mettent journellement en pratique, ne se rendant pas difficiles sur ce qu'ils appellent bien cultiver. D'un autre côté, leurs maîtres les empêchent de se livrer, dans les temps où ils le pourraient sans inconvénients, à d'autres travaux que ceux de leur métairie, ceux-ci craignant, avec quelque raison, que cette concession ne dégénère en abus. Ainsi, cet esprit de jalousie, et je dirais presque l'hostilité mutuelle, les condamne à l'oisiveté ou au moins à un travail intérieur peu profitable pendant une grande partie de l'année, leur fait hanter les foires et les marchés dont les métayers sont les habitués, et les retient ainsi dans un état de médiocrité dont ils ne sortent pas sans beaucoup d'industrie et des circonstances toutes particulières.

Le genre d'industrie le plus approprié à leur situation est celui qui leur fait entreprendre des cultures variées qui s'adaptent à la culture générale de leur métairie, et viennent remplir les vides de leur temps. Elle peut être propre à quelques particuliers, mais elle est quelquefois générale dans une contrée. Ainsi, dans le sud-est de la France, l'éducation des vers à soie occupe une partie du mois de mai , qui serait moins avantageuse-

(1) *Lib.* XVIII, *cap.* 7.

ment employée autrement. La culture de la garance offre une grande et riche occupation entre les moissons et la semaille du blé ; le safran exige l'emploi des bras nombreux, bien plus qu'il ne requiert de la force, et offre ainsi de l'ouvrage aux petits enfants du métayer, etc. D'autres fois aussi, c'est la position du domaine qui se prête à une bonne distribution du travail, en présentant diverses espèces de terrains légers et forts, dont la culture peut se succéder dans les différentes saisons. Mais toutes ces cultures, exigeant des conditions particulières dans les baux, ne peuvent pas être entreprises là où elles ne sont pas habituelles, sans beaucoup d'intelligence et d'activité dans le métayer, et beaucoup d'instruction et de prévoyance dans le propriétaire ; et, généralement parlant, l'aliénation du temps des colons au service exclusif du domaine est une condition qui leur est fort onéreuse et qui agit fort puissamment pour leur donner des habitudes de mollesse et pour les empêcher d'améliorer leur position.

J'ai montré ailleurs (1) que la perte qu'ils y faisaient n'était pas peu considérable, et que, sur une métairie de 10 hectares située dans le département de Vaucluse, en mettant de côté le travail des vers à soie, le métayer n'employait que 150 journées, et ses deux mules que 63 journées chacune de leur temps, tandis qu'un bon ouvrier emploie environ, dans le même pays, 260 jour-

(1) Mémoire sur la culture des métairies du département de Vaucluse, imprimé ci-après.

nées. Cependant la condition finale de l'un et de l'autre et leurs profits se rapprochent beaucoup. Ainsi le seul fait d'être métayer met le premier dans le cas d'obtenir le même salaire avec presque la moitié moins de travail (les $\frac{2}{3}$), et par conséquent un métayer libre de ses mouvements, qui réunirait à l'avantage de sa position celui d'une activité égale à celle de l'ouvrier, ne tarderait pas à le devancer dans la carrière de la fortune.

Cette heureuse position excite, dans les pays qui sont en progrès, une nombreuse concurrence, qui tend à réduire les bénéfices des métayers, et, par conséquent, les oblige à travailler mieux et davantage pour conserver le même revenu. M. Sismondi se récrie beaucoup contre cet effet naturel de l'accroissement des capitaux de la classe ouvrière, et voici quels sont ses griefs. Le nombre des métairies d'un pays une fois fixé, un seul des enfants peut y succéder au père, et ordinairement un seul d'entre eux se marie, à moins qu'une famille de métayers vienne à finir ou à être renvoyée pour ses démérites; alors il s'offre des seconds fils d'autres familles prêts à se marier et à en former une nouvelle. Jusque là rien de grave et qui dérange le moins du monde l'équilibre ancien. Mais, dit-il, le marché étant ouvert provoque une folle-enchère entre tous les seconds fils qui offrent leurs bras, et alors les propriétaires prennent le parti de diviser leurs métairies pour en tirer un plus fort revenu, et voici ce qui arrive en effet; la nécessité de vivre sur la moitié d'une métairie oblige les nouveaux métayers à forcer de travail, et à augmenter ainsi le produit brut qui entre dans le partage. Mais la terre n'a pas augmenté de fertilité, et si l'on obtenait 2 avec 1 de travail, et qu'alors le propriétaire et le métayer fussent équitablement partagés en recevant 1 chacun, quand on obtiendra 3 avec 2 de travail, le métayer, ne recevant que $1\frac{1}{2}$ au lieu de 2, voit décroître le prix de ce travail. Ailleurs aussi la concurrence ne divise pas les fermes, mais les nouveaux métayers se contentent d'une moindre partie dans le partage, ce qui revient au même. « Aussi, dit-il, cette espèce de folle-» enchère a réduit les paysans de la rivière de » Gênes, de la république de Lucques et de plu-» sieurs provinces du royaume de Naples à se » contenter d'un tiers des récoltes au lieu de la » moitié. Dans une magnifique contrée que la » nature avait enrichie de tous ses dons, que » l'art a ornée de tout son luxe, et qui prodigue » chaque année les plus abondantes récoltes, la » classe nombreuse qui fait naître les fruits de la » terre ne goûte jamais ni le blé qu'elle mois-» sonne, ni le vin qu'elle presse. Son partage est » le millet africain et le maïs, et sa boisson, la » piquette, ou l'eau dans laquelle a fermenté le » marc de raisin. Elle lutte enfin constamment » contre la misère (1). »

Il n'y a rien dans tous ces effets qui soit particulier au métayage. Dans les pays à ferme, la con-

(1) Nouveaux principes d'économie politique, 1re édition.

currence fait aussi monter le taux de la rente et
diminue les profits et le salaire du fermier : c'est
ce qui arrivera partout où il y aura plus de demandes que d'offres, surtout quand l'objet de la
demande ne pourra pas être augmenté à volonté,
et se trouvera converti en monopole, cas dans lequel se trouve la terre. Cet état de choses a sa limite dans le salaire des autres emplois du temps.
On ne recherche les métairies que parce que la
situation du métayer est encore préférable à celle
des autres ouvriers du pays.

Mais quel que soit le sort des colons partiaires,
il est toujours plus assuré et moins pénible que
celui des ouvriers à la journée du même pays.
D'abord il ne saurait tomber au-dessous, sans que
les métairies fussent toutes abandonnées ; de plus,
il y a, dans la nature même du métayage, dans
le taux général de ses conditions, quelque chose
de consacré par l'usage de chaque contrée, qui
rendrait odieuse la proposition d'un changement
subit dans la proportion des partages. Elles sont
donc assez constamment les mêmes. Alors il y a
peu d'intérêt pour le propriétaire à renvoyer des
métayers qui s'acquittent passablement de leur
tâche, et ces tenures passent du père au fils et
au petit-fils, bien plus souvent que les fermes,
dont les mutations sont d'autant plus fréquentes
que l'enchère peut s'y faire par portions plus petites, plus déterminées, et qu'il y suffit souvent
d'un léger bénéfice pour engager le propriétaire à
renvoyer d'anciens fermiers. Aussi est-il assez
commun de trouver des métayers dont les familles

sont plus anciennes dans l'exploitation que celle des propriétaires dans la possession.

On peut donc dire, en général, que si le métayage ne développe pas l'esprit d'entreprise parmi les tenanciers, il leur assure une grande sécurité, un état stable, supérieur à celui des autres classes ouvrières, et que, sous ces rapports, il est un bienfait pour ceux qui peuvent y atteindre.

CHAPITRE VIII.

Effets du métayage sur le pays.

Ce n'est pas d'aujourd'hui que les auteurs agronomiques ont lancé l'anathème contre le système de métayage. Il est facile de l'attaquer avec avantage et de trouver un ordre meilleur; qui en doute? Mais si ce système n'est pas un choix, mais une nécessité, ne devons-nous pas dire que rien n'étant absolument mauvais dans la nature, le mieux relatif peut se trouver dans un ordre de choses que nous condamnerions ailleurs?

Il est vrai que par cela même que dans le métayage le propriétaire ne reçoit que la moitié du produit de ses améliorations, et le cultivateur la moitié de celui de ses cultures, l'un et l'autre doivent être peu empressés à s'y livrer; qu'ils ne font que celles qui sont indispensables, et qu'ils rejettent ou ajournent celles qui peuvent paraître moins nécessaires, et qu'ainsi le métayage peut bien être un état de conservation, mais n'est jamais, par lui-même, un état de progression. En effet, si nous considérons d'abord le propriétaire, il est évident qu'il s'interdira tout projet d'amélioration dont le produit ne serait pas le double du taux ordinaire de l'intérêt des capitaux, puisqu'il ne doit percevoir que la moitié de ce produit ; tandis que, sous le régime du fermage, il sufffit que ce projet lui offre un résultat un peu au-dessus de cet intérêt, pour qu'il puisse l'exécuter en exigeant de son fermier le montant de cet intérêt, et lui laissant un léger bénéfice. Il en est tout-à-fait de même pour le fermier, il suffira qu'une culture perfectionnée lui paie l'intérêt du capital qu'il y consacre pour qu'il puisse l'entreprendre ; mais quant au métayer, il faut qu'elle lui paie plus du double. Voilà le secret de la difficulté des améliorations sous le régime du métayage, et ce qui le rend un état absolument stationnaire.

Ainsi le propriétaire et le métayer sont renfermés dans un cercle étroit de culture qu'ils ne peuvent franchir sans renoncer aux conditions principales de leur contrat. Tout ce qui tend, pour l'un comme pour l'autre, à augmenter la mise de fonds indispensable, leur est interdit ; ils sont réduits aux pratiques les plus grossières de l'art, à calculer toujours le minimum des avances pour obtenir, non pas le maximum absolu, mais le maximum relatif des frais. Rappelons-nous, en effet, que si l'on obtient 2 de produit avec 1 de culture, l'on n'obtiendra pas 4 de produit avec 2 de culture ; mais l'on pourra obtenir, par exemple, 3. Ainsi le métayer, dans le premier cas, obtiendra 1 de produit pour sa part de chaque culture, mais il n'obtiendra que $1\frac{1}{2}$ dans le second cas, où il aura voulu perfectionner ses méthodes de travail; et le propriétaire, qui n'aura fait aucune avance, aura vu augmenter de $\frac{1}{7}$ la rente de ses fonds. Au contraire, quand le propriétaire fera une dépense d'amélioration sur le fonds, ce sera le métayer qui retirera la moitié du produit sans frais de mise. L'un et l'autre doivent nécessairement répugner à ces entreprises. Une métairie comparée aux fermes ou aux propriétés cultivées par leurs maîtres sera donc le plus mal cultivé et le plus mal réparé des domaines.

Mais si, comme nous l'avons déjà posé, le métayage est un état stationnaire, il est aussi essentiellement conservateur, parce que le propriétaire a intérêt que les améliorations une fois faites ne puissent se perdre, et qu'il en fait une loi à son métayer. Ce n'est donc que faute de surveillance qu'une métairie rétrograde et que son capital se détériore.

Ces soins continuels qu'exige le régime des métairies doivent éloigner de ce genre de propriété tous les hommes riches et les capitalistes voués à d'autres affaires ou éloignés du pays. Les riches recherchent particulièrement les terres qui peuvent être affermées à prix d'argent, et elles sont presque toutes entre leurs mains; les étrangers ne font aucune acquisition dans les pays de métayage, si ce n'est dans l'espoir d'une revente. Mais si cette circonstance éloigne les capitaux étrangers, la résidence nécessaire des propriétaires prévient aussi l'exportation des revenus. Il y a donc dans les pays de métayage moins de mouvements de banque, moins de déplacements d'individus, plus de stabilité dans les familles et dans la population des villes, un certain état moyen de circulation qui est peu variable; beaucoup de bourgeoisie, si l'on entend par ce mot les hommes sans occupation, vivant de leur revenu, par conséquent beaucoup de désœuvrés, et d'autant moins d'instruction, que ce désœuvrement n'étant pas l'effet d'un choix raisonné, mais d'une position forcée, et aucun but lucratif n'excitant à l'étude, on y renonce de bonne heure pour ne jamais y revenir.

Cet état a cependant été modifié par la loi sur les successions, et dans les familles où le revenu partagé devient insuffisant pour faire vivre les cohéritiers dans l'oisiveté, on commence à se livrer au travail, à perfectionner l'éducation, à lui donner enfin une destination utile. Mais tous ces efforts ont jusqu'à présent une direction trop uniforme; ils ont tous pour but ou des places salariées ou les professions légales, ou la médecine. Toutes ces destinations sont sans doute utiles à l'État; mais comme elles n'ont qu'une certaine somme à se partager, qui n'est pas susceptible d'un accroissement infini, il doit en résulter tôt ou tard qu'elles finiront par devenir improductives pour la plupart de ceux qui les auront choisies, quand leur nombre aura dépassé la limite naturelle. Alors sans doute les jeunes gens seront forcés d'adopter une autre marche et de se livrer aux travaux productifs qui, par leur nature, peuvent admettre un nombre infini de concurrents (1).

Dans un pays organisé en métairies, la masse de la population, les tenanciers et les propriétaires se trouvent pourvus de denrées, et voici ce qui en résulte. Dans les bonnes années, les mar-

---

(1) On peut voir dans la troisième scène du second acte de la *Mandragore*, de Machiavel, que Florence, de son temps, était arrivé à ce point où les professions libérales n'étaient plus que des titres sans revenu. En parlant d'un prétendu médecin français, Nicius dit : « Il fera bien de rester dans son pays; dans celui-ci il n'y a que *morts de faim* (caca stechi); et l'on ne fait cas d'aucune science. S'il restait ici, on ne le regarderait seulement pas. Je sais ce que je t'en dis : j'ai fait les plus grands efforts pour acquérir quelque science, et je serais bien en peine si je devais en vivre. » L'interlocuteur l'interroge et lui dit : « Gagnez-vous cent ducats par an ? — Que dis-tu, cent ducats, pas cent livres, pas cent sous ! Ceux de notre profession qui n'ont pas de rentes pour s'entretenir dans ce pays, ne trouvent pas un chien qui leur aboie, et ne sont bons qu'à accompagner leurs confrères au cimetière, et à se pavaner tout le jour devant le tribunal du juge. »

Et de nos jours, que de docteurs sans malades, que d'avocats qui balaient de leur robe les salles de pas-perdus ! Notre jeunesse ne sentira-t-elle pas la honte de ces titres sans emploi, ou des emplois publics subalternes qui assujettissent leurs âmes pour un mince salaire ! Nous le répétons encore ici : l'agriculture offre des carrières indépendantes et honorables que l'on a dédaignées jusqu'ici, mais qu'il faut savoir embrasser avec résolution, si l'on veut sortir de cet état d'inertie où tombe la classe moyenne en conservant les préjugés d'autrefois contre l'agriculture et l'industrie, et en leur préférant, par vanité, les prétendues professions libérales.

4

chés sont encombrés de tout le superflu ; dans les mauvaises, on ne voit presque rien au marché. Au contraire, dans les pays à fermage, les fermiers vendent tous les produits de la terre excédant leur subsistance ; il y a donc toujours beaucoup plus à vendre sur les marchés. Mais, d'un autre côté, ils sont les seuls à ne point acheter ; toutes les autres classes, même celle des propriétaires, se pourvoient au marché : il y a donc plus d'offres et plus de demandes. Il en doit donc résulter que, dans les mauvaises années, les denrées doivent augmenter plus rapidement de prix, et dans une plus grande proportion dans les pays à métairie que dans les pays à fermage, et, au contraire, que, dans les bonnes, les prix doivent baisser beaucoup plus et plus rapidement dans les premiers que dans les seconds. En effet, soit dans l'un et l'autre pays la population égale à 4, dont 1 propriétaire, 1 métayer ou fermier, et 2 personnes vivant d'une industrie autre que celle de la terre ; la récolte dans l'un et l'autre de 12 dans les bonnes années, de 8 dans les médiocres et de 4 dans les mauvaises, et enfin qu'il faille 2 pour la nourriture de chaque individu ;

Nous aurons dans les pays à métairies :

	A vendre.	Acheteurs.	Par tête d'acheteur.
Bonnes années.	8.	2.	4
Médiocres. .	4.	2.	2
Mauvaises. .	0.	2.	0

Et dans les pays à ferme :

	A vendre.	Acheteurs.	Par tête d'acheteur.
Bonnes années.	10.	3.	3 1/2
Médiocres. .	6.	3.	2
Mauvaises. .	2.	3.	2/3

Ce tableau montre clairement les effets que nous avons énoncés plus haut.

Une circonstance contribue cependant à diminuer la rapidité de la baisse, et elle y contribue fortement quand celle-ci n'a pas une trop longue durée : c'est qu'une forte partie des denrées se trouve dans les mains des propriétaires plus ou moins aisés qui ne sont pas forcés à vendre pour payer des fermages, et qui attendent de plus heureuses conjonctures pour s'y décider. Mais si la baisse se prolonge, la nécessité de vivre des revenus de l'année les force à vendre, et alors la mévente les arrête d'autant moins que les produits n'ont pour eux aucune valeur déterminée. Un fermier calcule ce que lui coûte le blé, et quoique ce calcul ne puisse influer en rien sur les prix courants, il n'est pas moins vrai qu'il ne vend que ce qui est absolument nécessaire pour faire face à ses engagements, quand le prix ne représente pas son fermage, son travail et l'avance de ses capitaux; quant au propriétaire, sa métairie lui rend plus ou moins; souvent il la possède depuis si longtemps, que son prix d'achat n'a aucun rapport avec son revenu, et il sait bien que la valeur qu'il lui assigne n'est qu'idéale et variable : ainsi, n'ayant aucune mesure réelle de la valeur des denrées, il les vend sans autre considération quand cela lui convient, et le plus souvent dans l'année de la récolte.

Si l'on recherche ensuite les effets moraux du métayage sur la société qui l'a adopté, on verra d'abord que l'exécution de ce contrat est confiée à la probité du métayer, et qu'ainsi celui-ci doit mériter toute la confiance du propriétaire; que la perte de cette confiance doit être un crime irrémissible qui lui fait 'perdre sa ferme et l'espoir d'en obtenir une nouvelle. Aussi est-il difficile, en général, de trouver une classe plus généralement honnête que celle des métayers, et, par son exemple, elle agit avantageusement sur les prolétaires.

On peut affirmer encore que les relations de client à patron ne sont nulle part mieux conservées que dans les pays à métayage. La durée indéfinie des baux, leur peu de sévérité, le besoin que les parties contractantes ont l'une de l'autre, identifient, en quelque sorte, le métayer avec son domaine et avec la famille de son maître. Il règne ici, par nécessité, une subordination inconnue dans les pays à fermage, où le bailleur et le preneur se trouvent sur un pied d'égalité et d'indépendance absolues. Ces dispositions ont beaucoup influé sur les opinions politiques de ces diverses contrées. L'aristocratie a trouvé plus de force et d'appui dans ses métayers, et la Vendée est un témoignage éclatant de l'influence qu'elle y avait conservée. En général, la classe des métayers a pris peu de part aux troubles politiques. Au début de la Révolution, elle obtint tout-à-coup plus qu'elle n'avait jamais osé espérer, l'abolition de la dîme qui était prélevée sur la totalité de la récolte. Sa part devint ainsi complétement libre d'impôts. Ses vœux n'ont jamais été au-delà. Aujourd'hui encore c'est en France la classe la moins chargée; elle ne paie ni impôts directs, ni indirects, et elle comprend bien moins encore les améliorations en politique qu'en agriculture.

Pour les propriétaires, nous avons déjà indiqué les inconvénients de cet ordre de choses et le défaut d'instruction qui en est la suite. On peut ajouter que la nécessité d'avoir sans cesse des intérêts communs avec les métayers, celle de mettre en délibération avec eux toutes les opérations de la culture et de prendre leur voix, rendent les rapports très-doux et la supériorité inoffensive. On trouve ici bien plus l'autorité du père de famille que celle du maître, et ce caractère qu'y prend la domination se manifeste partout. Que l'on compare le commandement impérieux des peuples, tels que les Anglais, qui n'ont jamais à traiter qu'avec des domestiques qui leur obéissent pour un prix déterminé, ou avec des fermiers chez lesquels ils n'ont rien à voir quand le bail est consenti, avec celui de peuples chez lesquels le propriétaire exerce une action limitée, mais constante sur ses terres, et où il est obligé d'user de conseil, bien plus souvent que d'ordres, et l'on comprendra comment ces relations diverses ont pu modifier le caractère de la nation tout entière, en confondant dans une espèce d'égalité les démarcations de pouvoirs qui se confondent si souvent.

CHAPITRE IX.

Améliorations dont l'agriculture est susceptible sous l'état de métayage.

Quoiqu'en général la nature du bail à métairie s'oppose à l'exécution des projets rapides de perfectionnement, quoique surtout il soit très-difficile d'opérer ceux qui portent sur le capital foncier, cependant on le tente tous les jours au moyen de certaines combinaisons.

Si l'on veut se servir des forces des métayers, il faut d'abord apprécier avec justice la part de profit qui doit leur en revenir, et ne pas exiger d'eux une part de travail qui y soit disproportionnée. Cette part de travail serait rigoureusement la moitié dans une métairie où le colon percevrait la moitié des fruits, si le bail était perpétuel ; mais il est évident que si l'amélioration a une durée indéfinie, la jouissance du propriétaire sera aussi indéfinie, tandis que celle du colon a une durée limitée. Il n'y aurait donc aucune parité, si l'on exigeait de lui la moitié des frais. Mais dans un grand nombre de cas, les métayers vivent dans une telle sécurité sur la durée de leurs baux, ils ont tellement l'expérience de la constance de leurs patrons, qu'ils sont portés à regarder leur possession comme aussi assurée que s'ils étaient de véritables emphytéotes. On peut donc obtenir de ceux-ci des travaux d'amélioration qu'à

défaut de cette confiance on serait obligé de payer
chèrement. Il ne faut pas se dissimuler qu'elle a
été fortement ébranlée depuis quelques années par
la cupidité des maîtres, qui ont voulu obtenir
quelque augmentation de fermage ; mais avec d'é-
quitables conditions on peut encore, dans ce cas,
parvenir à les faire coopérer à d'importantes entreprises. Supposons, par exemple, qu'il s'agisse d'ou-
vrir un fossé d'écoulement pour un terrain dans
lequel les récoltes se noient fréquemment ; on fera
l'estimation du travail, on leur en paiera la moitié,
on laissera l'entretien à leur charge, et l'on s'en-
gagera sur l'autre moitié à leur payer autant de
trentièmes de sa valeur qu'il s'en faudra qu'ils
aient quitté la ferme avant le terme de trente ans,
après lequel l'ouvrage sera acquis au propriétaire.
J'ai obtenu par un procédé semblable des choses
qui paraîtraient bien plus difficiles, telles que de
nouvelles plantations de vignes. Ce contrat est
basé sur la supposition qu'en trente ans, les bénéfices de l'opération ont remboursé le travail et les
intérêts.

Un défrichement peut s'opérer de la même manière, en abandonnant, pendant un certain nombre d'années, la récolte entière au métayer.

Dans une métairie où le défaut d'engrais em-
pêchait d'établir des luzernes qui réussissaient
assez bien, je m'engageai à fournir le fumier nécessaire pour en établir une certaine quantité, et je
raisonnais de la sorte : Si je prends ma part de
fourrages, l'accroissement progressif des engrais
et l'amélioration de la ferme sont retardés ; je ne

perds, dans une durée de cinq années de la luzerne que deux récoltes de blé que j'aurais recueillies, mais qui seront compensées, en grande partie, par l'augmentation de fertilité qu'apportera la luzerne. En conséquence, je soumis le métayer à créer avec les fumiers provenant des luzernes, de nouvelles luzernes égales en étendue à ce que j'avais établi chaque année, et un dixième en sus pour représenter ma part de récolte du terrain, et à condition que, quand nous serions arrivés à l'étendue à laquelle nous voulions parvenir, il pourrait disposer sur les autres terres de l'excédant du fumier, se bornerait à semer une quantité de luzerne égale à celle qu'il défricherait, et ne paierait chaque année que 7 hectolitres de grain par hectare de terre occupée par la luzerne. Supposons qu'en suivant cette marche on veuille arriver à avoir 8 hectares de luzerne, je fournis, pendant cinq ans, le fumier pour un hectare chaque année ;

Ainsi, la 1re année, j'ai . . . . . . **1** hectare.

La 2e, où je fume un hectare et
le métayer fait en sus $\frac{1}{10}$ d'hect.   **2 1**

La 3e année. **3 21**

La 4e année. **4 32**

La 5e année. **5 43**

La 6e année, on rompt 1 hect .   **5 98**

La 7e année, on rompt 1 h. 1. .   **6 57**

La 8e année, on rompt 1 h. 21. ., **7 23**

La 9e année, on rompt 1 h. 32. .   **7 95**

Dès la 9e année, le terrain destiné à la luzerne est occupé, et à la 10e le métayer dispose de ses fumiers excédants sur ses terres à blé, n'ayant à fournir désormais que ceux nécessaires pour en ensemencer en luzerne 1 hect. 6 ; il paie dès-lors annuellement au propriétaire 56 hectolitres de blé pour la jouissance de sa luzerne, qui lui rend pour une valeur triple de foin. La sole de luzerne est établie à perpétuité sur le domaine, car il sera facile de faire recevoir de pareilles conditions par le métayer qui le remplacera. Le propriétaire ne perd aucune avance, et celle du fumier qu'il a faite se retrouve amplement dans la bonification de la terre ; car non-seulement il profite de la richesse des défrichés de luzerne, mais une grande augmentation d'engrais est déposé sur ses terres à blé. S'il était impossible de faire des achats d'engrais dans le pays, on pourrait commencer l'amélioration par des semis de sainfoin et destiner les fumiers qui en proviendraient à l'établissement des luzernières.

Ceci n'est qu'un exemple, mais il peut suggérer la marche à suivre dans les autres cas : peser avec justice les intérêts divers du métayer et du propriétaire, tel est le secret des améliorations. Les colons les entreprendront volontiers quand ils reconnaîtront qu'elles ne leur sont pas onéreuses, et qu'elles leur ouvrent une nouvelle carrière de prospérité. Quand on voudra trop exiger on n'obtiendra rien. Demander au métayer de faire pendant cinq ans les avances de ses engrais qui sont le gage du succès de ses récoltes successives, c'est vouloir manquer son opération ; et c'est ainsi que l'avidité et l'exigence ont trouvé tant de difficultés à faire adopter des plans d'amélioration par des

métayers qui devaient en faire tous les frais, pour
retirer la moitié des bénéfices.

Mais si je crois facile d'obtenir avec des soins et
de la dépense l'exécution d'une entreprise définie
dont on peut suivre les progrès, mesurer l'étendue,
apprécier la valeur, comme celle dont j'ai donné
ci-dessus l'exemple, je pense qu'il n'en est pas de
même pour les perfectionnements de la culture
ordinaire, perfectionnements très-difficiles à apprécier et à juger, et qui par cela même se déro-
bent à une estimation exacte. Promettez, en effet,
à votre métayer une prime d'encouragement pour
de meilleurs labours, qui en sera le juge? Vous en
rapporterez-vous à lui? sera-t-il obligé de s'en
rapporter à vous? Ici d'ailleurs la routine est fortement enracinée, et vous lui procureriez de meilleurs instruments, qu'outre les frais d'achat il faudrait peut-être encore le payer pour l'obliger à en
faire usage.

Cependant les progrès obtenus à cet égard dans
le Midi soit pour les labours eux-mêmes, soit pour
les soins donnés à l'éducation des vers à soie, à la
taille des mûriers, à celle des vignes, etc., me
prouvent qu'avec de l'adresse, de la constance et
une forte volonté, on peut en venir à bout. L'esprit d'imitation agit rapidement, quand une fois
un fermier renommé s'est décidé à entreprendre
une nouveauté. C'est à ceux-ci, à leur amour-
propre, qu'il faut souvent s'adresser, tout en faisant quelques avances pour leur aplanir les difficultés. Mais aucun précepte ne peut être donné
ici, parce que les cas sont si variés, et le succès

dépend tellement du caractère des hommes avec lesquels on traite, que ceux que l'on voudrait établir ne pourraient être généralement applicables.

En Toscane, où l'on voit le beau idéal du système de métayage, le propriétaire est chargé de toutes les améliorations, et si les domaines sont dans un si bel ordre, si la culture y est portée presque au dernier degré de perfection, on ne doit pas l'attribuer aux effets actuels de cette clause, mais à l'opulence ancienne de ce pays enrichi dans le moyen âge par le commerce. Alors la propriété territoriale était la moindre partie de la fortune de ses possesseurs, et ils s'y attachaient comme à un objet de luxe plus que pour son produit. Les domaines furent réduits au minimum d'étendue ; chacun d'eux devint un jardin cultivé à bras, planté avec soin de vignes, d'olivier et de mûriers. Cette création de la richesse a survécu quand celle-ci a cessé d'exister. Nous ne pourrions nous faire une idée de ce que ces petits terrains cultivés à bras peuvent produire, si nous n'avions sous les yeux les cultures de Cavaillon, de Châteaurenard et de Barbantanne, territoires qui, cultivés par les mêmes procédés, produisent une rente nette de 242 francs par hectare : mais ceux-ci sont affermés à prix d'argent. Dans son agriculture toscane (1), M. Sismondi nous donne les détails des produits d'une petite métairie de 2 hect. environ (2 hect. 0389) ; une famille de colons y vit et rend à son maître la moitié de tous les fruits. Voici un détail abrégé des récoltes de 1797.

(1) Page 193.

	Livres de Florence.		
Céréales.	66	10	
Légumes	14	3	8
Vin.	256	11	
Huile.	56	13	4
Plants d'oliviers. . .	17	5	8
Plants d'oignons. . .	70	13	4
Profit sur 2 génisses. .	79		
Vers à soie.	18		
Fruits et hortolages. .	70	14	8
Total. . . .	649	11	8 envir. 557 fr.

Ainsi, sous le système du métayage, cette ferme rend au propriétaire 278 fr. 50 c. de rente par hectare. Nous prions les adversaires du système de métayage de considérer ce résultat et de le peser attentivement. Ils verront que, s'il a ses inconvénients, il ne manque pas, quand il est bien administré, d'un esprit de vie qui ne permet pas de le condamner d'une manière aussi absolue qu'on le fait trop souvent quand on ne l'a examiné que dans les pays où il est conduit sur de mauvais principes, et où tout autre genre d'administration ne pourrait manquer d'échouer également.

CHAPITRE X.

Amélioration de la condition du propriétaire.

Nous avons vu plus haut que le propriétaire souffre dans le contrat de métayage de l'incertitude du taux de la rente et de la nécessité d'une surveillance très-active, qui l'enchaîne à ses propriétés et l'empêche d'autant plus de disposer de son temps qu'étant plus riche ces soins doivent être plus multipliés. Ces difficultés peuvent être vaincues de deux manières : ou en créant une agence intéressée dont la comptabilité soit soumise à des règles qui en rendent le contrôle facile, ou en sortant en partie et le plus qu'il est possible du métayage, pour entrer dans un ordre de choses moins assujettissant.

Quant au premier moyen, quelque frayeur qu'inspire le nom d'intendant ou d'agent à la plupart de ceux qui ne les connaissent que par les plaisanteries des poëtes ou par les désordres de ceux des grands seigneurs de l'ancien régime, qui n'exerçaient sur eux aucune espèce de surveillance, il n'en est cependant pas moins certain que l'on ne peut administrer sans eux de grandes propriétés, et que, quand on ne pourra pas tout voir par soi-même, il faudra bien forcément accorder, à celui qui verra pour nous, un certain degré de confiance, limité par une bonne comptabilité. Aussi, dans les pays à grandes propriétés soumises à la culture des métayers, la pratique en est-elle générale ; et une classe recommandable d'hommes exerce cette profession avec une intelligence et une délicatesse que donnent la grande pratique et la concurrence. On peut vérifier ce fait dans presque toute l'Italie.

Dans ceux, au contraire, où cette pratique n'est pas connue, il devient moins facile de choisir et même de trouver un agent. Il faut ensuite le former à un métier auquel il n'est pas préparé, il faut

5

subir quelquefois un mauvais choix ou chercher à remplacer un agent incapable. Les difficultés sont ici beaucoup plus grandes ; mais la connaissance du pays, l'expérience et les soins finissent par vaincre aussi toutes ces difficultés, qui ne sont vraiment insurmontables que dans les pays ignorants, où les propriétaires payent ainsi la peine de la vaine terreur qu'ils ont de l'instruction populaire.

Plus un tel agent aura de fermes différentes à administrer, et plus on pourra compter sur sa fidélité, à cause du grand nombre de complices qu'il faudrait qu'il trouvât, et de la discordance que présenteraient les résultats de ces diverses exploitations. Des visites assez fréquentes que le propriétaire fera à ses domaines, les questions qu'il adressera aux métayers qui ne voudront pas toujours se compromettre pour les intérêts d'un agent révocable, enfin les informations données par les voisins et les jaloux suffiront pour assurer contre la fraude ; mais, pour y parvenir, le propriétaire doit se réserver absolument le choix et le renvoi des colons, et il ne doit jamais le faire dépendre des allégations seules de l'agent, qu'il ne doit recevoir qu'à titre de simple renseignement.

Je ne parle pas de la forme et du mode de comptabilité que l'on doit exiger. Il faut, autant que possible, adopter la tenue des livres en partie double, comme celle qui rend l'examen plus facile et les erreurs impossibles. On doit aussi exiger la représentation de toutes les pièces à l'appui des comptes, les quittances, les reçus, et les mercuriales du prix des grains et des denrées. Mais tous ces soins

rentrent dans les règles générales de la comptabilité, et ne peuvent être développés ici à l'occasion
du métayage.

Il est une question que nous ne pouvons pas négliger. Convient-il de payer à l'agent des appoin-
tements fixes, ou de lui donner une part dans les
produits ? Cette dernière méthode, la *régie intéressée*, me semble bien préférable ; elle le rend
beaucoup plus soigneux, elle l'intéresse au succès
des cultures et au bon état du domaine ; il choisit
les moments opportuns pour les ventes et ne les
laisse pas passer. J'ai eu beaucoup à me louer de
ce mode d'administration, auquel j'avais formé de
simples paysans qui, moyennant 3 ou 4 pour 100 de
tous les produits, et sans se déranger beaucoup de
leurs occupations habituelles, me déchargeaient
d'un grand fardeau. Cependant, quand les domaines ne seront pas très-considérables, on sera
obligé d'affecter une plus forte part à leurs hono-
raires et jusqu'à 5 ou 6 pour 100.

Mais, quoique l'on parvienne à rendre bien
moins pénible la surveillance de la propriété, on ne
peut encore, par ce moyen, s'en dispenser tout-à-
fait. Dans l'impossibilité de trouver des fermiers à
prix d'argent, on a cherché à trouver des personnes
qui se missent au lieu et place du propriétaire,
et qui perçussent la part qui lui reviendrait dans
les produits de la ferme, moyennant une somme
déterminée. Ce contrat est pire encore qu'une vente
de fruits en herbes, car on vend une quantité et
une qualité de denrées qu'il est tout-à-fait impossible d'apprécier. Aussi doit-on s'attendre à traiter

avec un grand désavantage; car non-seulement le contractant calcule sur le minimum des produits, mais aussi sur le minimum des prix ; et ce genre d'arrangement est trop rare partout et trop chanceux pour espérer d'obtenir la véritable valeur par le moyen de la concurrence. On doit donc peu espérer de ce mode d'administration. Mais j'engage les propriétaires à chercher à passer insensiblement du métayage au fermage, à prenant des arrangements à prix d'argent avec leurs colons pour tous les produits qui en sont susceptibles. Ainsi l'on peut fixer une valeur à peu près stable au produit des bestiaux, des vers à soie, des prairies, etc., et on ne doit pas laisser échapper l'occasion de diminuer ses sollicitudes, dont il restera toujours un assez grand nombre après les avoir réduites de la sorte.

CHAPITRE XI.

Améliorations dans la condition du Colon.

L'ignorance, le manque de capitaux et l'indolence des colons sont les véritables causes de leur peu de prospérité. Les conditions de leurs baux sont, en général, plus favorables que celles des fermiers, et cependant ceux-ci avancent bien plus rapidement leur fortune : c'est qu'il manque aux premiers un stimulant et les moyens de faire. Ce stimulant est pour les fermiers la nécessité de payer leur fermage à des époques fixes, et la certitude que tout le produit de leur travail leur appartiendra. Les métayers, au contraire, n'ont pas la sollicitude d'un payement obligé ; la terre paye pour eux et comme elle peut, et la nécessité de partager ses fruits restreint leurs cultures dans un cercle étroit, puisqu'ils ne peuvent entreprendre celles dont les frais surpassent la valeur de la moitié du produit. Or, presque toutes les cultures industrielles sont dans ce cas ; la culture de la garance, par exemple, dont la moitié de la récolte payerait à peine la valeur du travail, tandis que l'autre moitié excéderait de beaucoup la rente du propriétaire, ne peut être entreprise à ces conditions inégales ; celle du safran bien moins encore. Ainsi le métayer se trouve comme emprisonné dans une série de récoltes qui n'offrent pas un travail constant, et qui nourrissent chez lui l'esprit d'indolence.

De plus, ayant de si longs moments de loisir ou de travail peu forcé, il monte sa ferme sur ce pied, et, quand les grands travaux arrivent, il n'a presque jamais les forces suffisantes pour les faire rapidement ; ils languissent et se font mal.

Cette disposition est aggravée par le défaut de capitaux. Le métayer, ne pratiquant pas ces riches cultures qui rapportent de l'argent, en a rarement à sa disposition, ou, s'il en possède, il croit l'employer plus utilement à acheter une terre qu'à accroître ou à améliorer ses cultures.

On voit que tous les inconvénients ne peuvent être levés que par le propriétaire, que c'est à lui à faire entreprendre des cultures avantageuses et riches à ses métayers, en ne leur imposant que des conditions raisonnables. Alors ceux-ci engageront leurs capitaux sur son domaine; ils augmenteront leurs forces habituelles, parce que le travail se prolongera toute l'année ; enfin ils ne perdront plus leur temps et s'accoutumeront à un travail actif dont tous se trouveront bien (1).

Mais il ne faut pas se dissimuler toutefois que, faute de connaître et d'apprécier la valeur des différentes cultures, les métayers opposent souvent des entraves à leur introduction, en s'y refusant absolument ou en exigeant des conditions trop avantageuses pour eux. Ce n'est que l'instruction et l'habitude de tenir des comptes en règle qui peuvent vaincre cette force d'inertie; c'est donc à la favoriser que les propriétaires doivent employer toute leur influence. Plus les métayers seront instruits, plus ils secoueront de ces préjugés et quitteront de ces répugnances qui s'opposent à tous les progrès.

Les colons, pouvant ainsi entreprendre dans leurs métairies les cultures qui semblaient réservées aux seuls propriétaires cultivateurs ou aux fermiers, amélioreront leur position, n'auront plus recours aux travaux étrangers à leur ferme pour les moments de chômage, et, en devenant plus aisés, répandront cette aisance sur le domaine remis à leurs soins.

(1) Voyez à ce sujet, dans mon *Mémoire sur la culture de la garance*, les traités faits entre le propriétaire et les métayers. *Chap. V, art.* 3.

CHAPITRE XII.

Moyens de passer du métayage au fermage.

Dès que les métayers deviennent riches, ils as-
pirent à devenir fermiers. C'est une propension naturelle et qu'il ne sera pas besoin de fomenter pour
la voir naître. Ainsi, quand les propriétaires auront
grand soin de leurs métairies ; quand par des
conditions équitables ils y feront naître l'industrie ;
quand ils offriront aux métayers de bons place-
ments de leurs capitaux sur leurs terres en favo-
risant les cultures avantageuses, mais où le travail
est employé en grande quantité et forme une forte
part du prix de la récolte ; quand ils mettront leurs
colons dans le cas de trouver le prix de tout leur
temps et de celui de leur famille, et ainsi d'accumuler des capitaux et de se mettre à l'abri des in-
tempéries des saisons, alors ils ne tarderont pas à
voir naître chez eux le désir, l'ambition de l'indépendance ; alors ils seront sollicités de donner en
fermage les terres qui n'étaient qu'en métairie.

Mais la modération est aussi très-nécessaire dans
ce début. Le propriétaire doit calculer soigneusement les produits de son domaine dans les années
précédentes, et ne pas outre-passer un prix moyen
dans la fixation du fermage ; si même il ne peut se
procurer une assez longue série de résultats anté-
rieurs, il doit pour composer cette moyenne, écarter
de son calcul les années de prix ou de récoltes ex-

traordinaires. Sa position ne doit pas changer.
d'abord sous le rapport de la rente ; qu'il se con-
tente de la voir assurée, et qu'il calcule comme
bénéfice tous les soins dont il pourra se dispenser ;
plus tard la concurrence fera monter le prix de sa
ferme et l'amènera au taux le plus élevé.

Tous les moyens brusques d'effectuer ce changement ne pourraient avoir le même succès; ou
bien on serait obligé de traiter à perte, ou, ayant
affaire à des gens peu éclairés, on causerait leur
ruine et on se trouverait soi-même dans le cas
de consentir à des sacrifices. Je pense donc que,
pour ménager adroitement ce passage, on doit
fixer successivement, à prix d'argent, les différentes parties des récoltes, commencer par percevoir de cette manière sa part du bétail, puis celle
des prairies artificielles ou naturelles, puis celle
des différentes cultures industrielles ou jardinières
établies sur le domaine, en passant successivement
par les récoltes dont le produit est le plus constant
et le mieux déterminé; on en viendra enfin à contracter aussi pour la principale récolte, celle des
céréales. Avec cet esprit de suite et de modération,
on ne peut presque manquer de réussir et d'établir
chaque chose à sa juste valeur. Mais un seul propriétaire ne peut espérer de changer ainsi les coutumes de tout un pays. Si l'on travaille seul dans
cette direction, on parviendra bien à avoir un fermier; mais la concurrence sera toujours imparfaite
et bornée si le bon exemple n'a pas des imita-
teurs. Il n'y a pas un grand inconvénient à le
donner, et s'il l'est à propos et avec les précau-

tions indiquées, on peut espérer qu'il sera bientôt suivi par les propriétaires voisins et leurs métayers.

CHAPITRE XIII.

Passage de la culture servile à la culture par métayer.

Si le passage du métayage au fermage est un progrès désirable, je pense que les pays qui vivent encore sous le régime de la culture servile, ou celle des corvées, n'en feraient pas un moins important en adoptant le métayage. Dans ce moment où la civilisation menace de toutes parts la servitude, où l'opinion publique, bien moins encore que la nécessité, conspire à la détruire, il ne peut être indifférent d'examiner les meilleurs moyens de rendre sa suppression utile à la fois aux serfs et aux propriétaires.

En supprimant la servitude, on peut passer à quatre modes différents d'exploitation : 1° l'exploitation du propriétaire ; 2° le système des corvées ; 3° les redevances féodales ; 4° le métayage. Voyons donc lequel de ces modes peut être généralement préférable.

Au moment où les serfs sont affranchis, ils deviennent maîtres de leur personne et de leur temps ; mais à peine la servitude légale a-t-elle cessé, qu'ils sentent tout le poids de celle que leur impose la nécessité. Jetés sur une terre dont ils ne possèdent pas la moindre parcelle, privés de la

5.

subsistance que leur maître devait leur fournir, ils
maudiraient le jour où on leur impose un prétendu
bienfait, si on ne leur ouvrait de nouvelles sources
d'existence.

I. Le propriétaire se chargera-t-il d'exploiter lui-
même ses terres en prenant à ses gages ses anciens
serfs? Mais alors il est placé dans une position dé-
favorable relativement aux propriétaires qui exploitent dans les autres parties de l'Europe ancien-
nement affranchies; car il ne peut choisir les meilleurs ouvriers : il faut qu'il les occupe tous, sous
peine de voir déserter ses terres et de se voir privé
d'une population qui peut lui devenir utile. Il faut
qu'il occupe tout leur temps, car ils ne trouve-
raient ailleurs aucun autre genre de travail. Or,
quelle différence y a-t-il pour les deux parties
entre un tel état et la servitude : le maître obligé
de nourrir et d'occuper ses anciens serfs, les serfs
ne pouvant recevoir de l'ouvrage que de lui et en
attendant leur subsistance? Le nom seul est changé,
car l'étendue des terres, la difficulté du déplace-
ment pour des hommes qui ne possèdent aucun capital, peut-être même des lois restrictives, enfin l'intérêt réciproque des maîtres à ne pas encourager
les désertions et à refuser les paysans étrangers, il
n'y a dans tout cela aucun mobile d'activité, aucun
nouveau germe de bonheur et de perfectionnement. Une pareille exploitation ne peut offrir des
avantages qu'avec une libre concurrence des propriétaires et des ouvriers, et ce n'est qu'à cette condition qu'elle pourra être utile aux uns et aux
autres. Mais, après avoir aboli la servitude, il faut

passer par d'autres degrés avant d'en venir à ce
point. Créer des capitaux mobiliers parmi les anciens serfs, séparer les intérêts, attendre du temps
la division réelle de la propriété territoriale, et cependant en créer une artificielle, tel est le but auquel on doit tendre, si l'on veut atteindre un jour
à un meilleur ordre de choses.

II. Passera-t-on par le système des corvées, c'est-
à-dire échangera-t-on l'obligation de nourrir le serf
contre une certaine étendue de terre qu'on lui
donnera à cultiver pour son compte, à charge par
lui de réserver au propriétaire un certain nombre
de jours de travail en payement de cette jouissance?
Ici il y a déjà véritable progrès. Les intérêts du
maître et ceux du serf se séparent; chacun d'eux
prend une individualité ; le serf sait que le travail
qu'il fait sur les terres qui lui sont concédées est
le gage de son aisance; il le rend plus actif pour
qu'il devienne plus fructueux. La terre, qui se ré-
jouissait, cultivée par un soc couronné de lauriers,
porte aussi des fruits plus abondants quand il est
dirigé par des mains libres ; celle qui est tombée en
partage au serf s'améliore, s'embellit chaque jour,
pourvu que les conditions de son bail soient sup-
portables. En est-il de même de celle restée au seigneur? Les mains qui étaient libres trois jours de
la semaine redeviennent esclaves les trois autres
jours. Le serf apprend à distinguer ce qu'il fait pour
lui ou pour son maître, et cette distinction est fatale aux intérêts de ce dernier. Il s'est déchargé de
la nourriture et de l'entretien de ses esclaves: il a
obtenu un grand point sans doute; mais les do-

maines qui lui restent sont loin de lui rapporter ce
qu'ils lui vaudraient sous un autre régime, et s'il
est sage il ne tardera pas à renoncer à celui-ci,
ou, mieux encore, il n'y entrera jamais.

III. Le système des redevances féodales ne diffère de celui de l'emphytéose que parce qu'ici la
concession des terres, faite pour une certaine partie des fruits ou pour une rente en argent, est définitive et illimitée. Ce moyen est excellent pour la
population ouvrière ; elle devient réellement propriétaire, et à des conditions d'autant plus avantageuses que les terres ainsi concédées, sortant
de la culture servile, sont loin d'être portées à
toute leur valeur. Mais le propriétaire perd l'espoir
d'accroître son revenu dans l'avenir; et aujourd'hui,
en observant la facilité avec laquelle, au bout d'une
longue suite d'années, on s'habitue à regarder une
terre concédée de la sorte comme la propriété
réelle du tenancier, et la rente qui représente la
jouissance comme arrachée par l'abus de la force,
il est douteux que beaucoup de seigneurs se déci-
dent à tenter de nouveau ce moyen, qui, au reste,
est le plus sûr, comme le plus expéditif, pour sortir
promptement de servage, et s'assurer un revenu
égal ou supérieur à celui dont on jouissait au moment de l'affranchissement.

IV. L'emphytéose ou le bail à ferme pour un
temps déterminé, mais très-long, ou pour une ou
plusieurs générations, n'a pas tous les avantages
de la tenure féodale, soit pour la bonne culture des
terres, soit pour la sécurité des colons. En effet,
ils savent fort bien qu'ils ne sont pas propriétaires

incommutables, et, quand la fin du bail approche,
ils sont sujets à négliger ou à dégrader la terre.
Mais, d'un autre côté, ce mode n'a pas pour le
propriétaire les inconvénients de la tenure féodale ;
il n'est pas dépossédé; il arrive un temps où il trouve
une augmentation de rentes. Il est vrai que ce
temps est si long que ceux qui savent avec quelle
rapidité la terre peut augmenter de valeur dans
certaines circonstances hésitent à l'accorder. Cependant, c'est encore un mode praticable et avantageux d'affranchissement.

V. Vient enfin le système des métairies. Si nous
le comparons à la corvée, il est facile de voir que
le métayage est bien plus avantageux au propriétaire. Dans la métairie, l'impossibilité où se trouve
le colon de distinguer dans son travail ce qui sera
son profit ou celui de son maître le force à mettre partout la même application; et si le terrain
qu'il cultive est proportionné à ses forces, il en tire
à peu près tout ce que l'on peut espérer dans un
état donné de développement de l'industrie. Quant
au métayer, ce système lui est aussi plus avantageux que la corvée : il profite du temps favorable
à son travail, sans être forcé de s'interrompre pour
aller travailler pour autrui; on lui sauve le dégoût
de cet ouvrage étranger auquel il ne peut mettre
ni affection ni soin ; on ne diminue en rien le temps
qu'il employait utilement pour lui, et, en lui épar-
gnant celui qui était consacré aux corvées, on le
soustrait aux habitudes de nonchalance et de paresse qu'on y contracte. Je crois donc que l'avantage est tout-à-fait pour le système du métayage,

comparé à celui des corvées. Quant à l'emphytéose,
il faut bien convenir que le tenancier y trouve
mieux son intérêt, et que, devenant pour ainsi dire
propriétaire et payant une rente dont le rapport
avec les produits bruts décroît avec les progrès de
sa culture, sa position est beaucoup plus heureuse;
mais le propriétaire n'y trouve pas également son
compte. Je pense donc que, s'il trouve des facilités
pour s'épargner cet échelon, en passant de plein
saut de la culture par corvées au métayage, ce
changement lui sera plus avantageux.

Examinons maintenant comment on peut passer
du système des corvées au métayage. Le corvéable
jouit déjà de terres dont les produits représentent
sa subsistance; on peut donc lui proposer de dou-
bler l'étendue de sa possession, de l'exempter des
corvées, à condition qu'il partagera tous les fruits
avec le propriétaire, le travail de cette nouvelle
portion de terre représentant celui qu'il faisait par
corvées. On pourra cependant éprouver quelque
difficulté à conclure cet arrangement. Si la ferme
du paysan est déjà bien cultivée, bien soignée,
qu'il y ait mis un assez fort capital de travail, la
partie qu'on y ajouterait, et qui probablement serait
bien moins avancée, ne représenterait pas une
égale valeur; et si l'on voulait compenser cette
valeur en en augmentant l'étendue, on risquerait
de donner au colon plus de terres à cultiver qu'il
ne lui serait possible de le faire. Dans ce cas, je
pense que la justice exige que le propriétaire se
borne à réclamer une part des fruits qui représente
approximativement la valeur de la corvée, un tiers

ou un quart seulement, selon l'état des terres qu'il
livre à ses colons, plutôt que d'en augmenter outre
mesure l'étendue.

Il se présentera d'autre difficultés dans la pratique. Ordinairement toutes les terres des paysans
avoisinent le village, et les terres du seigneur en
sont éloignées. Ainsi on ne pourra pas donner des
portions contiguës à ceux-ci, et, continuant à regarder leur ancien sol comme leur propriété plus
spéciale, ils négligeront leur nouvelle possession.
Mais cet inconvénient n'aura qu'un temps, et ils finiront bientôt par sentir que leur intérêt se trouve
dans la bonne culture des nouvelles comme des
anciennes terres. Un pareil arrangement peut aussi être regardé comme tyrannique et comme un
moyen de s'emparer par la suite du sol que les
colons ont mis en valeur.

Si l'on éprouvait beaucoup de ces obstacles, je
pense qu'on devrait procéder avec plus de prudence
et attendre du temps ce que l'on ne gagnerait pas
facilement de l'autorité; car il faut pour ces opérations une adhésion volontaire de ceux avec qui
l'on traite, si l'on veut obtenir un succès solide.
Je pense donc qu'il faut adopter alors un système
mixte, passer des baux emphytéotiques, pour deux
ou trois générations, de tous les domaines des
paysans à ceux qui les possèdent actuellement, et
offrir des terres en métayage aux fils cadets de ces
paysans qui voudront s'y établir. Supposons, par
exemple, qu'un paysan ait trois fils, et qu'il doive
douze journées par semaine à son seigneur; on pla-
cera deux de ses fils chacun dans une métairie

proportionnée aux forces d'une famille; on éteindra en faveur du chef de famille six journées par semaine; on passera ensuite une bail emphytéotique de la terre propre du paysan, dont la rente représentera en denrées la valeur des six autres journées. Ainsi l'on sera sur la voie de l'amélioration. Ceux qui refuseront cet arrangement continueront à cultiver par corvées les terres restant au seigneur; mais le succès des premiers métayers ne tardera pas à leur faire désirer de partager leur sort, et peu à peu toutes les terres seront mises en métairies. A la fin des emphytéoses, on pourra prendre ce même parti pour les terres qui étaient sous ce régime.

CONCLUSION.

En résumant tout ce que nous avons dit dans ce mémoire, on en conclura que le métayage n'est point un arrangement arbitraire, indépendant des circonstances sociales, mais que c'est un contrat nécessaire, obligé, quand, la population agricole ne possédant pas de capitaux, elle est en même temps libre, que les propriétés territoriales ne sont pas dans ses mains, et enfin que les propriétaires sont assez riches pour chercher des loisirs, ou qu'ils peuvent employer leur temps à d'autres occupations mieux rétribuées ou plus importantes pour eux. La première circonstance interdit le fermage à prix d'argent; la seconde ne permet pas de songer aux cultures serviles; la troisième oblige les cultivateurs à prendre les terres d'autrui en payant une rente; la dernière empêche le propriétaire de se livrer lui-même à l'exploitation de ses terres par le moyen d'ouvriers salariés.

Ces quatre circonstances se rencontrèrent pour la première fois à Rome quand les lois agraires mirent une limite à l'emploi des esclaves dans l'agriculture. Les propriétaires, occupés des grands intérêts de l'État, furent obligés de traiter avec des prolétaires libres; l'abolition des lois liciniennes fit reparaître les esclaves dans la culture, et la diminution du nombre de ceux-ci fit rechercher de nouveau les colons libres et reparaître le fermage.

Toute la partie de l'Europe où la classe agricole n'a pas accumulé de capitaux suffisants se retrouve dans la même condition, partout où l'esclavage a été supprimé.

Ainsi le métayage est un état agricole inférieur au fermage, supérieur aux cultures serviles; mais c'est un état nécessaire, forcé, qui ne mérite pas le blâme de ceux qui sont plus heureux, mais qui doit exciter toute l'émulation des pays qui y sont retenus, afin de s'élever plus haut, et faire l'envie des nations qui, réduites encore au système des corvées ou à celui de l'esclavage, ne peuvent arriver à une plus grande perfection qu'en passant par ce degré d'administration agricole.

Ce résultat de notre analyse nous prouve que toutes les déclamations contre le métayage n'étaient que le résultat d'un préjugé scientifique qui, comme tant d'autres, a besoin d'être réduit à sa juste valeur, si nous voulons que la théorie agricole, faute d'être basée sur l'examen des faits, ne soit pas trop souvent contredite par la pratique.

CULTURE

DES MÉTAIRIES

DANS

LE DÉPARTEMENT DE VAUCLUSE.

AVANT-PROPOS.

Bien avant d'examiner la théorie du métayage, j'en avais décrit la pratique dans un *Mémoire sur la culture* du département de Vaucluse. Bientôt sans doute des progrès agricoles, qui s'étendent chaque jour dans mon pays natal, auront vieilli cette description de sa culture, fidèle en 1817, quand je l'insérai dans la *Bibliothèque universelle*. Elle restera néanmoins, d'abord comme monument historique de l'état du pays, et, de plus, comme présentant un exemple de l'application des principes de la science ; application fautive, incomplète, mais qui, par cela même qu'elle a eu une longue durée, mérite bien autrement l'examen que de simples idées theoriques.

Cette sage méthode d'investigation qui procède du connu à l'inconnu, et qui s'appuie sur la connaissance du passé pour améliorer l'avenir, a toujours dirigé mes études. Avant d'innover, je voulais me rendre compte de la nécessité de le faire, des motifs qui avaient réduit la culture à l'état stationnaire, des moyens de faire avec succès des pas en avant, en prenant pour point d'appui les nécessités du climat et les dispositions morales de la population. Sans ces auxiliaires on ne fait rien de durable, et l'on compromet des capitaux dans des entreprises éphémères. Je procédai donc avec lenteur à l'exploration des faits. Tout était nouveau autour de moi; rien n'avait été observé et compris, l'expérience de nos pères ne nous avait pas été conservée par écrit; nous connaissions vaguement et mal nos saisons, nos terrains, nos ouvriers, nos débouchés. Déjà on avait essayé des changements brusques dans les modes de culture; mais ils avaient échoué parce qu'ils étaient une imitation erronée de pratiques employées dans des circonstances différentes de celles où on voulait les appliquer. C'est alors que je cherchai à réunir les éléments qui devaient conduire à la solution du grand problème agricole de la France méridionale dans une série de mémoires que je reproduis dans ce volume. J'examinais la culture ordinaire de nos métayers, puis les cultures industrielles de l'olivier, du safran, de la garance, et j'allais terminer mon travail sur celle du mûrier, quand les devoirs politiques m'arrachèrent à mes études et à mes travaux champêtres.

On comprendra maintenant de quel intérêt peuvent être, pour tous les agriculteurs qui s'intéressent aux progrès de la science, des recherches consciencieuses faites sur l'ensemble et les détails de l'agriculture d'un pays, non-seulement comme exemple d'une direction de pensées suivies pendant de longues années avec tant de persévérance, non-seulement pour les lumières qui doivent en résulter pour mes compatriotes intéressés à profiter de mon expérience, mais encore pour établir les principes de la science, qui avaient besoin d'une telle discussion et d'une telle épreuve, parce qu'on s'était trop hâté de généraliser et d'élever à la dignité de principes des faits qui n'étaient que des exceptions. Si les descriptions locales, telles que celles que j'offre de nouveau au public, se multipliaient sur des points éloignés du globe, ces mêmes principes, passés à un crible plus serré, finiraient par être l'expression de vérités générales, et on ne ferait plus la guerre à la théorie agricole, qui alors représenterait tous les faits, serait applicable à toutes les situations.

J'espère donc que tous les agriculteurs liront avec fruit les mémoires qui vont suivre, et qu'il en restera quelque chose dans la science à laquelle j'avais voué mes travaux, parce que je la regardais à la fois comme une des plus arriérées et des plus utiles.

Quant aux agriculteurs du Midi qui en retireront un instruction encore plus directe, je me bornerai à leur dire que le *Mémoire sur les Métairies de Vaucluse,* qu'ils vont lire, m'est d'autant plus cher qu'il me rappelle le souvenir, l'amitié, l'approbation de l'honorable M. Puy, ancien maire d'Avignon; il comprit combien de tels travaux pouvaient devenir utiles au pays, et il m'encourageait à les poursuivre.

Toute la description qui va suivre se rapporte à l'état de notre culture en 1817; elle servira de point de départ pour apprécier nos progrès futurs.

SUR

LA CULTURE DES MÉTAIRIES

DANS LE DÉPARTEMENT DE VAUCLUSE.

Un des jours de ma vie qui me laissera les sou-
venirs les plus profonds est celui où j'ai vu M. de
Fellenberg; et cependant des impressions reçues
si rapidement étaient plutôt senties que définies.
J'avoue que j'ai besoin de m'en rendre compte à
moi-même pour pouvoir les comprendre. J'ai ap-
proché les plus grands capitaines de notre siècle,
les hommes qui disposaient, pour ainsi dire, des
destinées de notre génération. J'ai vu les savants
les plus illustres, ceux qui ont reculé les limites
des connaissances humaines, et qui légueront un
grand nom à la postérité. Ce que j'ai éprouvé auprès
d'eux ne ressemble en rien à ce que j'ai senti à
Hofwyl; mon admiration avait perdu à s'approcher
des premiers; je n'avais plus vu que l'homme en
eux; mon esprit avait été assez libre pour se livrer
à l'observation de leurs manières, de leur langage,
de leur physionomie. C'est que chez eux j'avais
presque toujours trouvé les talents soutenus,
exaltés par l'amour-propre, et le génie lui-même
n'être en eux qu'un moyen pour leur avance-

6

ment ou leur célébrité. J'arrivais à Hofwyl
très-bien préparé à ce que j'y devais voir; le
spectacle que j'y ai trouvé, bien que satisfaisant, n'a rien de grand, d'imposant; la réception
que j'y ai reçue est celle que l'on fait à tous les
inconnus qui trouvent Hofwyl sur leur chemin;
mais M. de Fellenberg a ennobli les moindres
actions de sa vie par leur généreuse destination.
Celui qui a consacré son existence, sa fortune, sa
réputation, son avenir au bien de ses semblables,
a su répandre autour de lui une atmosphère de
probité, de noblesse, de grandeur même, à travers
laquelle tout homme de bien sera contraint de
voir toutes ses entreprises et toute sa conduite en
beau.

Dans la trop courte conversation que j'eus avec
cet homme célèbre, il m'adressa plusieurs questions d'une grande importance sur l'agriculture de
mon pays. Il ne comprenait pas comment la culture du blé alternant chaque année avec une jachère complète pouvait exister, et comment des
terres dirigées selon un tel système pouvaient
payer leur propriétaire et nourrir le fermier. Je ne
pus alors que lui parler vaguement de nos cultures industrielles; mais il faut bien qu'un fait qui
passe pour un phénomène aux yeux d'un aussi
illustre agronome offre, en effet, un côté remarquable et sur lequel il est nécessaire de jeter du
jour, et je crois bien mériter de la science en cherchant à donner une solution complète de cette
question, qui en présente un si grand nombre d'in-
cidentes.

§ 1. *État de la question.*

Au lieu de demander comment la culture du blé peut se soutenir dans nos provinces sous un aussi mauvais système et avec les frais dont elle est chargée, ne pourrait-on pas d'abord changer entièrement l'état de la question, et demander comment elle peut exister dans un pays où il y a des cultures industrielles qui rapportent un profit élevé, ou au moins comment on ne l'a pas réduite progressivement, au point de maintenir l'équilibre entre la valeur du grain et celle du travail?

En effet, supposons que le prix des grains baissât trop habituellement au-dessous de la valeur du travail; n'aurait-on pas dû depuis longtemps borner sa production, changer la proportion entre la demande et le produit, et forcer ainsi les consommateurs à élever le prix? Il faut donc, ou que le prix vénal des grains soit en effet leur prix réel, ou que quelque cause entrave l'extension des cultures industrielles. Nous prouverons dans la suite que le prix vénal des grains est fort au-dessous de leur valeur (1); mais il existe des causes qui retardent l'accroissement des cultures industrielles, et ces causes méritent bien que nous les énumérions, au moins en passant.

Pour éviter tout malentendu, nous comprenons

(1) Il fallait ajouter : avec le déplorable système de culture que nous décrivions, privé des engrais nécessaires.

sous le nom de *cultures industrielles* toutes celles qui sont destinées à produire des denrées dont la consommation peut être retardée, selon le plus ou moins d'aisance momentanée des consommateurs.

Ces cultures donnent toutes des produits qui ne sont consommés sur les lieux qu'en très-petite partie; ils doivent donc passer entre les mains du commerce avant de parvenir à leur destination; cette destination est peu connue, ou plutôt elle est variable. Le cultivateur ne peut se faire aucune idée juste des besoins futurs; il règne toujours pour lui une espèce de vague sur le sort de ses produits à venir. Les événements politiques, actuellement si pressés, ont une grande influence sur les prix commerciaux; il faut donc braver cette espèce d'incertitude pour se livrer en grand à cette nature de culture; c'est plutôt une spéculation qu'une opération d'agriculture, et l'appréciation de toutes ces causes et de leurs effets exige des connaissances qui sont bien éloignées de celles que possède la classe de nos cultivateurs, et même de beaucoup de nos propriétaires.

Si nous considérons ensuite la régularité avec laquelle la moyenne du prix du blé suit la valeur du travail et celle de l'argent, et l'extrême irrégularité qui règne dans la valeur des produits industriels, nous y reconnaîtrons une seconde cause bien forte de l'éloignement que beaucoup de cultivateurs prudents ont pour ces derniers. L'expérience du passé nous apprend que les variations annuelles de ses prix, qui semblent si fortes, ne sont que des oscillations qui sont compensées dans une période de huit ans au plus par des oscillations en sens contraire. Au lieu de ces faits si tranquillisants et si propres à encourager le cultivateur qui ne veut point hasarder son nécessaire pour gagner du superflu, n'a-t-on pas vu toutes les cultures industrielles causer des pertes ou au moins des mécomptes sans compensation, après avoir élevé des fortunes à ceux qui ont su saisir la chance? Ce tableau n'est-t-il pas celui d'un jeu plutôt que celui d'une exploitation agricole?

Et d'ailleurs les arts, qui font chaque jour de nouveaux progrès, ne peuvent-ils point trouver tout-à-coup les moyens de suppléer à quelqu'un de ces produits? Que sont devenus les bénéfices des cultivateurs de soude? Ils furent énormes; ils payèrent le sol même où on avait cultivé cette plante, et, l'année qui suivit, tous les spéculateurs furent ruinés par l'érection des manufactures de soude factice. Les cultivateurs de garance, comme ceux d'indigo, sont-ils bien à l'abri d'un pareil danger?

Les observations que je viens de présenter ne supposent-elles pas dans le cultivateur, pour suivre les cours, prévoir les pertes, abandonner ou reprendre une culture, éviter les périodes de décadence, une flexibilité que l'on trouve rarement même dans les commerçants et après un long apprentissage?

Enfin, toutes ces objections ne sont, pour ainsi dire, que préliminaires, et si nous abordons les

6.

difficultés des cultures en elles-mêmes, nous trouverons : 1° que leur établissement exige toujours de grands capitaux et que ces grands capitaux n'existent pas chez nous; le cultivateur n'y peut étendre ses cultures industrielles que par les faibles produits de son économie, c'est-à-dire pas à pas; 2° que ces cultures épuisent la terre sans lui restituer les engrais qui leur sont consacrés; qu'elles ne peuvent donc marcher que concurremment avec des cultures et des consommations considérables de fourrages qui n'existent pas chez nous, ou avec des achats d'engrais ; 3° qu'à mesure que ces cultures s'étendent la valeur des engrais croît dans la même proportion que leur production diminue.

Ce n'est donc que graduellement, après un apprentissage, après des essais réitérés, qu'une culture industrielle s'établit et s'étend dans un pays. Tant d'obstacles ne peuvent être vaincus tout d'un coup, et par le plus grand nombre à la fois. Mais dès qu'une fois on est affranchi de ce tâtonnement les progrès deviennent plus rapides et se signalent bientôt sur toute une contrée. C'est ce qui est arrivé pour la vigne dans le Bas-Languedoc, pour les mûriers dans les Cévennes et le Dauphiné, pour la garance dans Vaucluse, et cependant ces progrès sont bornés à des localités définies, et ne passent un fleuve ou un coteau qu'avec des difficultés incroyables, et qui ne sont pas la partie la moins curieuse de l'histoire de ces cultures.

On concevra maintenant comment l'ancien sys-

tème n'a pu perdre que graduellement du terrain ;
comment, malgré l'évidence de ses défauts, il reste
encore en possession d'une grande partie de nos
terres. Mais on voit aussi que peu á peu la proportion du blé aurait baissé, et que ses prix se seraient
élevés dans ce pays, par la concurrence des cultures, à un taux suffisant pour payer les travaux
qu'il nécessite, sans une cause permanente et
tout-à-fait impérieuse, qui, agissant sans cesse
comme perturbatrice, abaissera toujours la valeur
des grains chez nous, et nous obligera à perfectionner nos procédés pour obtenir le blé à plus
bas prix, tout en faisant concurrence à ses produc-
tions par les cultures industrielles. Cette circonstance est l'importation du grain de pays où sa
valeur intrinsèque est moindre que celle qu'elle
peut avoir pour nos cultivateurs. La Bourgogne
complète notre provision par le Rhône, et c'est
cette circonstance qu'il s'agit aussi d'apprécier soigneusement (1). Il faut donc bien comprendre que
l'état de ce pays, relativement aux grains, est celui-
ci : 1° les grains du pays coûtent plus à recueillir
qu'ils ne se payent, en tant que les blés sont
obtenus par la méthode de jachère alterne, et
dans des terres d'une fertilité moyenne ; 2° cet

(1) Depuis cette époque, l'arrivage des grains de la mer
Noire a encore changé la position de nos cultivateurs ;
mais en abaissant le prix du blé il a favorisé les progrès
des cultures industrielles. Quand nous écrivions ce Mémoire, en 1817, nous retracions l'état où s'était trouvé le
pays pendant la durée des guerres de l'Empire. où l'accès
de la mer nous était fermé.

état dépend d'une concurrence constante avec une contrée où la valeur intrinsèque du blé est moindre pour le cultivateur, et d'un assolement vicieux, où l'on fait supporter au blé les frais de deux années de travaux et de rente; 3° cet état ne pourrait durer sans ruiner les cultivateurs, si ce n'était l'association, à la culture des blés, de cultures industrielles, qui par leurs bénéfices compensent en partie les pertes habituelles de la culture des grains; qu'ainsi la culture se compose partout, sans exception, dans toutes les terres d'une fertilité moyenne ou inférieure, de la culture des grains considérée comme principale, et qui met en perte, et d'une culture industrielle, considérée comme accessoire, et qui compense la perte; 4° que la perfection de ce système consistera dans l'extension suffisante des cultures industrielles, surtout dans tous les terrains où le blé ne peut être produit sans perte, et dans une culture perfectionnée du blé avec suppression de la jachère, qui mette les cultivateurs à portée d'obtenir ces produits à meilleur compte. Il n'est pas douteux aussi que, par le moyen de cette culture perfectionnée, on n'élève au niveau de la consommation la production du grain, et qu'on fasse concurrence avantageuse avec les pays qui, par leur situation géographique et agricole, peuvent nous envoyer leur blé.

Mais tous ces aperçus demandent des développements que je vais tâcher de donner, et qui présenteront ce pays sous un jour trop peu connu de ses propres habitants. Je les ferai précéder d'une description rapide de la culture du blé dans ces contrées, qui rendra mes calculs plus intelligibles et m'évitera des répétitions.

§ 2. *Description de la culture du blé.*

Depuis le commencement de juillet, époque à laquelle les gerbes sont enlevées des champs pour être transportées sur les *aires*, ceux-ci sont abandonnés au parcours des troupeaux, jusqu'à l'époque où les herbes venues parmi les chaumes sont consommées. Le parcours recommence à l'approche du printemps, dès que les champs se recouvrent de quelque verdure. Les troupeaux suivent alors de près la charrue, qui quelquefois, dès le mois de février, peut entrer dans les terres pour y effectuer la première œuvre, à laquelle on donne le nom de *soulever*.

Il y a quarante-cinq ans que la charrue était inconnue dans ce pays; on n'y connaissait que l'araire : c'était la charrue des anciens avec quelque modification. Cette machine imparfaite, composée, quant à la partie agissante, d'un soc en fer et de deux oreilles en bois placées en forme de coin, ne faisait que tracer un sillon en pressant la terre de part et d'autre, et l'entr'ouvrait sans la renverser. Cet instrument, encore connu aujourd'hui, mais employé d'une manière plus judicieuse, remplissait donc la fonction de diviser la terre, mais nullement celle de détruire les herbes adven_tices qui l'occupaient, en enlevant leur fane et en mettant leurs racines à découvert. On sent combien,

pour suppléer à ce défaut, les labourages durent
être multipliés. Faute d'enterrer les mauvaises herbes, il fallait les détruire en les déplaçant souvent.
Il fut donc décidé par les agriculteurs d'alors que
la terre ne pouvait être tenue nette d'herbes à
moins de sept labours différents, donnés avec un
araire attelé de deux mules. Cette règle devint
la base de tous les baux dans les pays où la culture
du blé obtint quelque attention ; elle se conserve
encore par habitude dans les stipulations de quelques localités.

A l'époque dont nous avons parlé, on introduisit
dans le pays une excellente charrue sous le nom
de *coutrier* (1). La description et le dessin qu'en a
donnés M. le président de la Tour d'Aigues *(Mémoires de la Société d'Agriculture de Paris*, 1791, trimes-
tre d'été) me dispensent d'en parler plus au long ; je
me contenterai de dire qu'elle a un soc d'une largeur égale à la hauteur de l'oreille, en fer battu,
contourné de manière à renverser complétement la
terre. Cette machine est très-maniable, légère, peu
coûteuse, et fait un très-bon travail. Dès son introduction, nos terres purent recevoir des labours plus
profonds. Le coutrier, que l'on construit de différentes dimensions, de manière à employer de deux
à huit chevaux, et plus encore (2), put suppléer les

(1) Cette charrue est aussi connue sous le nom de charrue de *Montélimart,* quoiqu'elle ait d'abord été mise en
usage en Provence.

(2) Cet instrument est généralement employé, dans les
grandes exploitations, à arracher la garance ; il est con-

travaux à bras dans un grand nombre de cas ; les propriétaires en apprécièrent les effets, et, en compensation de ce que son usage coûtait plus cher au fermier, qui y attelait un plus grand nombre de bêtes qu'à l'araire, il fut convenu que toute œuvre faite avec quatre chevaux équivaudrait à deux des labours exigés précédemment. Cette nouvelle convention est devenue la base de notre culture actuelle, et l'araire n'a plus eu d'autre fonction que celle de recouvrir les semences. Dans quelques localités, cependant, une partie des œuvres a continué à se donner avec l'araire à deux bêtes, et l'autre avec le coutrier. Je ne m'arrête pas davantage aux instruments de labourage. Les sept labours avaient lieu en février, mars, avril, mai ou juin, août, septembre et octobre. Le septième, qui prend le nom de *trousser*, précédait immédiatement les semailles. Cet usage s'est encore conservé en Provence, et particulièrement à Tarascon ; mais en général on fait le labour du mois d'août avec six ou huit mules, et on supprime celui de septembre.

Dans le département de Vaucluse, la besogne est aujourd'hui bien simplifiée. On *soulève* la terre en février ou mars avec le coutrier à quatre bêtes ; dans les fermes qui n'ont qu'un moindre nombre de mules, on s'associe avec ses voisins. On s'arrange de manière à croiser ce labour par un labour avec deux bêtes avant la moisson ; au mois de septembre on *trousse* les terres avec deux bêtes

struit alors sur de fortes dimensions, et on y attèle jusqu'à vingt chevaux.

encore, et c'est sur ce travail qu'on sème depuis le commencement d'octobre jusqu'au 15 novembre ordinairement.

Je ferai peu d'observations sur les attelages. Des petites mules qui coûtent peu d'achat, qui ne sont point sujettes aux maladies et qui s'entretiennent avec de la paille et de la balle de blé, sont des animaux précieux dans un pays où il n'y a point de capitaux et peu de prairies. Rien ne pouvait remplacer ce don de la Providence pour nos cultivateurs.

L'époque des semailles serait un objet plus susceptible de discussion. Les semailles précoces ont de grands inconvénients dans nos pays si l'automne est long et doux. Les terrrains se chargent alors de mauvaises herbes et les insectes attaquent et détruisent les plantes. Ces accidents sont trop fréquents pour ne pas mériter toute l'attention des cultivateurs. D'un autre côté, si le temps devient pluvieux après le 1er novembre, les semailles sont quelquefois retardées indéfiniment sur un grand nombre de nos terres, sujettes à former de grosses mottes tenaces et que l'on ne peut ensemencer quand elles sont humides, et d'ailleurs, si l'hiver est précoce, les plantes souffrent, s'enracinent mal, et risquent beaucoup des temps pluvieux et froids du mois de mars. Ainsi, dans les terrains riches, abondants en insectes, en herbes, faciles à sécher, les semailles précoces sont un aussi grand mal que peuvent l'être les semailles tardives dans les terres argileuses, peu riches en humus et peu sujettes aux insectes et aux mauvaises herbes.

La quantité des semences à mettre en terre varie singulièrement selon la fertilité plus ou moins grande du terrain; le terrain le plus fertile est celui où l'on met le plus de semence.

Bien des personnes trouvent ce fait singulier. Pourquoi, disent-elles, ne pas semer plus épais dans les mauvaises terres, trop disposées à donner des blés clairs? Ce sont ces mêmes personnes qui plantent les vignes et les oliviers très-espacés dans les mauvais sols, pour qu'ils puissent y trouver leur nourriture et y porter plus de fruits!

On sème chez nous deux espèces de froments, toutes les deux d'hiver: la *seisette*, blé tendre, peu barbu, et la *boucharde*, blé dur, à barbe rousse ou noire très-épaisse. Depuis quelques années, un petit nombre de cultivateurs a introduit un autre froment tendre, sans barbe, que l'on connaît en Languedoc sous le nom de *touselle*. Il est remarquable que jusqu'à cette époque le Rhône avait servi de ligne de démarcation entre le seisette et la touselle, et qu'elles étaient cultivées exclusivement, l'une au levant, l'autre au couchant de ce fleuve. Je n'ai aucune donnée positive pour comparer rationnellement ces deux variétés (1). Les autres grains que l'on sème chez nous sont le seigle; le méteil, connu sous le nom de *consegal;* l'orge commune ou petite orge quadrangulaire; la grande orge ou orge commune à épi plat (*hordeum dystichum*), connue ici sous le nom de *poumoule;* l'avoine, variété à grains

(1) Voyez le tome III de mon *Cours d'Agriculture,* ou il est traité des variétés de froments.

7

noirs et pesants, que l'on sème également ou à l'entrée de l'hiver ou au printemps; enfin le locular (*triticum monococcum*), connu ici sous le nom d'*épeautre*. Je ne parle pas de plusieurs essais partiels d'introduction, qui se soutiennent encore sur quelques points épars du département ; ainsi l'on sème, dans quelques sables, l'orge à six rangs; dans des terres fertiles, le blé d'abondance ou de Smyrne, à très-gros grains, et le blé de Pologne (*triticum Polonicum*), que l'on y connaît sous le nom de *seigle de Jérusalem.*

Nos cultivateurs attribuent de grands effets au changement des semences, et cette opinion est loin d'être un préjugé, quand on choisit, pour remplacer un grain rétréci, mal nourri, qui souffre depuis plusieurs générations sur des terres peu fertiles, une semence vigoureuse, telle qu'on se la procure dans les plaines de Graveson, de Maillanne, de Tarascon. La raison que j'allègue ici est la seule véritable, car il est inouï que l'on songe à changer de semences dans les terres fertiles et que l'on maintient dans un état de netteté satisfaisant. Je pense que l'opinion qui porte à rechercher de préférence des blés venus de quelques lieux plus au midi est un véritable préjugé; mais il est fondé pour nous sur ce que les pays qui nous avoisinent au Nord sont réellement moins fertiles que ceux du Midi, et donneraient, par conséquent, des grains moins beaux. Les pays dont on recherche la semence s'attachent à tenir leurs terrains très-nets et cultivent de préférence des blés d'un grain très-fin, plus estimés par nos fermiers, sans doute parce qu'à égalité de mesure ils obtiennent ainsi un plus grand nombre de grains. Au reste, la finesse de ce grain ne provient nullement de faiblesse ; car il donne beaucoup de fleur de farine et pèse plus que le grain le plus gros.

La semence étant préparée, le semeur, muni d'une besace qu'il porte devant lui, de manière à pouvoir y plonger les deux mains à la fois, se dirige le long des sillons qui ont été ouverts de distance en distance avec un sillonneur à bras ; il croise les jets de ses deux mains, et ne passe qu'une fois sur le même terrain. On enterre de suite ce grain à 0ᵐ,08 de profondeur, par le moyen de l'araire. On dit s'être mal trouvé des semences enterrées à la herse. Les grains auraient-ils besoin chez nous d'être enterrés d'autant plus profondément qu'ils ne sont jamais préservés de l'effet des gelées par une couche de neige permanente (1) ?

Après avoir semé, on ouvre avec la charrue des raies d'écoulement, de distance en distance, et le grand œuvre est accompli.

Jusqu'à l'époque de la moisson, les soins donnés au blé consistent tout au plus en un léger sarclage avec la *houlette*. Les blés fleurissent vers le

(1) L'usage du scarificateur (Griffon) pour enterrer les semences, déjà répandu à la droite du Rhône, commence aussi à pénétrer dans les départements de Vaucluse et des Bouches-du-Rhône. Les semis se font tout aussi bien, plus expéditivement et plus économiquement qu'avec les araires. Voyez mon *Cours d'Agriculture*, tome III, p. 489.

commencement de mai et parviennent à leur
maturité vers le milieu de juin. Les maladies
auxquelles ils sont sujets sont le rachitisme, le
charbon, plus rarement la carie. Un insecte qui
se loge dans la tige du blé, quand l'épi est formé,
le dessèche avant sa maturité et cause d'assez
grands ravages ; l'épi blanchit alors et prend l'ap-
parence d'un épi mùr; mais les balles sont vides.
D'autres insectes attaquent aussi le blé à diverses
époques de sa végétation et le coupent ou dans
les racines ou près du collet. Mais les principaux
ennemis des blés sont, chez nous, l'humidité
dans les terres fortes; les grands vents dans les
terres marneuses, sans liaison, qui se boursou-
flent par l'effet des gelées, et les sécheresses du
printemps dans les terres sablonneuses. Quant
à ceux qui ne donnent pas de bonnes jachères ou
qui sèment trop tôt et avant qu'une pluie d'automne ait disposé les mauvaises herbes à pa-
raitre, ils peuvent s'attendre à ce que les plantes
inutiles disputeront au blé les sucs de la terre.
Enfin, il est une circonstance de culture toujours
fatale dans nos pays et qui favorise à l'excès la
sortie de certaines plantes, surtout de l'avoine
folle, du ray-grass et du coquelicot : c'est le mélange d'une couche de terre humide avec une couche de terre sèche. Cet effet est connu dans ce
pays sous la dénomination de *terre gâtée* (1). On peut

(1) Ce phénomène est décrit dans le *Mémoire sur les
assolements du Midi*, qui se trouve dans ce volume, et
dans le *Cours d'Agriculture*, tome III, p. 373.

ajouter, à tous les inconvénients qui menacent nos récoltes, ceux des brouillards et de la pluie pendant la floraison du blé, c'est-à-dire du 1er au 15 mai, et le défaut de vent du nord pendant cette même période. En effet, l'humidité doit détremper le *pollen* du blé, et le vent du nord, le plus sec de tous nos vents, doit contribuer à le maintenir dans un état de dessiccation convenable; mais, après examen d'un assez grand nombre de tableaux météorologiques et géorgiques rédigés à Orange, il m'a semblé que l'effet de l'humidité sur la floraison du blé était bien moins marqué que celui qu'elle avait sur la formation du grain, dans le courant du mois de juin. Si, quand le blé approche de sa maturité, il survient des pluies ou des brouillards alternant avec des coups de soleil violents, le grain se rétrécit, s'atrophie quelquefois entièrement, et la récolte risque d'être perdue.

Nos blés sont abattus avec la faux composée décrite par Rozier (*Outils d'agriculture*) ; dans les plaines de la Provence, on a conservé l'usage de les faire moissonner à la faucille par des montagnards. Ils sont ensuite mis en petits gerbiers (*gerberons*) de cinquante à soixante gerbes chacun, et espacés sur toute la surface du champ; ces gerberons sont enlevés au bout de quelques jours et transportés sur l'*aire*, surface aplanie et battue auprès du domaine, où ils sont réunis en un seul gerbier allongé (le chevalet). C'est ordinairement dans les premiers jours de juillet que commence le foulage. Il a lieu, dans les départements qui bordent la Méditerranée, par le moyen de troupes de chevaux camargues (1) qui se répandent alors de tous les côtés, et qui sont loués par les fermiers pour cette opération.

Les chevaux camargues ne pénètrent pas bien avant dans le Vaucluse (jusqu'au Thor seulement) ; dans tout le reste du département les fermiers *dépiquent* leur récolte avec leurs propres mulets. Mais cette pénible opération, faite dans une saison chaude, les épuise, et leur rend tout travail impossible pendant longtemps et jusqu'à ce qu'ils aient repris leurs forces. On aura une idée assez juste des frais de la moisson en sachant que, dans une année moyenne, tout l'ensemble de ces opérations, depuis le sciage des grains jusqu'au vannage inclusivement, coûte le dixième du prix du grain. Autrement, il en coûte 10 francs par hectare pour le sciage, en nourrissant les ouvriers, ce qui, attendu leur intempérance, revient au double, et 4 pour 100 du produit en grain pour le foulage. Ne sont point comprises ici toutes les opérations de criblage, de vannage, de transport, qui sont à la charge du fermier. Voilà ce qu'il en coûte dans les départements où l'on fait à prix d'argent toute la moisson. Le battage, uni au criblage, sans y comprendre la moisson, coûte un seizième de la valeur du grain en Allemagne (Thaër, t. 1, p. 166);

(1) Race de chevaux blancs, nés dans l'île de la Camargue, errant par troupes dans les marais une partie de l'année, et n'étant soumis à aucun autre travail que celui du foulage des grains.

ces opérations coûtent ici, année moyenne, le vingtième environ de la valeur des grains. Dans le Vaucluse, l'opération du fauchage est moins coûteuse que celle de la moisson à la faucille; il en coûte 10 francs par hectare, sans nourriture; mais il est bien douteux que le foulage par les bêtes de travail de la ferme soit une économie; la récolte en est prolongée indéfiniment, et tous les autres travaux en sont péniblement entravés (1).

Tous les vœux se réunissent pour suppléer à ces opérations par une bonne machine à battre les grains. Elle n'aurait pas même ici l'inconvénient de diminuer les travaux de la classe ouvrière, puisque ce n'est pas elle qui en est chargée, dans l'état actuel des choses. Le rouleau a été essayé et abandonné, comme fatiguant trop les chevaux (2).

L'opération du *ventement* remplace ici le van. Le grain mêlé à la balle est projeté avec des pelles en sens contraire de la direction du vent, qui entraîne la balle et laisse retomber le grain. Mais la machine à vanner (tarare) s'introduit aussi depuis quelques années et sert efficacement, quand notre fidèle vent du nord ne vient pas nous aider dans cette opération.

Il serait trop long et tout-à-fait superflu de décrire le détail des manœuvres usitées dans ce pays pour opérer tous ces effets. Quelque curieux qu'il

(1) Voyez, sur le foulage des grains, dans le Midi, les notes qui suivent ce Mémoire, et où ces données sont modifiées.

(2) On revient au rouleau convenablement modifié, et avec grande raison.

soit, il serait sans utilité pour les étrangers et sans intérêt pour mes compatriotes.

§ 3. *Produit de la culture du blé.*

Je crains fort que les personnes moins instruites en agriculture que l'illustre propriétaire d'Hofwyl ne regardent comme un paradoxe la proposition que j'avance ici, en disant que la culture du blé, dans son état actuel, est onéreuse au propriétaire. Cette proposition, que les grandes connaissances de M. de Fellenberg lui faisaient pressentir *à priori*, a besoin d'être prouvée pour le plus grand nombre. Ceci m'est d'autant plus facile que je possède les documents nécessaires pour éclaircir la question et que je puis les choisir dans ma propre expérience.

Le mode presque général d'exploitation dans ce département est celui des *métayers* ou *colons partiaires*. On a beaucoup écrit sur cette méthode, sans décider la question, qui me semble pouvoir l'être en peu de mots par ceux qui possèdent les données du problème.

Le métayer est dans une plus grande dépendance de son maître que le fermier ; ainsi, tout homme qui possédera des capitaux suffisants aspirera à être fermier ou propriétaire, par cet amour inné de tous les hommes pour l'indépendance. Or, il n'y a aucune amélioration sans capitaux ; le système des métayers, qui n'en ont aucun, n'est donc bonne que là où l'on n'est pas assez avancé pour désirer des améliorations, et là où les améliorations sont faites, le système des métayers est essentiellement conservateur de ce qui existe, soit en bien, soit en mal. Si la Toscane nous présente des fermes prospérant sous ce régime, cette prospérité est le fruit de la dernière de ces positions; de grandes fortunes ont permis jadis au propriétaire de faire de grandes améliorations; il ne s'agit plus aujourd'hui que de conserver ; mais chez nous le système des métayers tient à ce qu'on ne désire pas encore généralement les améliorations, et à ce qu'on ne sait pas faire les sacrifices qu'elles exigent. Faute de cette distinction importante, combien de paroles vagues n'a-t-on pas dites sur la question qui nous occupe en passant?

Notre changement de situation, quant à l'agriculture, ne pourra venir que de la formation d'un capital entre les mains des propriétaires ou des fermiers, et c'est une condition à laquelle j'entrevois bien des difficultés. Les propriétés sont en général fort subdivisées, les fortunes sont rares, et la vie bourgeoise, c'est-à-dire oisive, est beaucoup trop commune chez les personnes qui n'ont que le strict nécessaire. Ainsi, nous ne pouvons espérer un changement favorable que de la part des négociants qui prospéreront, et qui déverseront leurs fonds dans l'agriculture, ou bien de propriétaires aisés, cultivant eux-mêmes, de leurs propres mains, s'adonnant à une agriculture lucrative, et réalisant des économies annuelles. Quant aux métayers, il y en a trop peu d'entreprenants jusqu'à présent ; leurs petites économies sont placées aussitôt en achat de terres, et les terres achetées ainsi

7.

par petites portions sont fort coûteuses. Ainsi, n'osant pas se lancer dans la carrière des fermages et des entreprises agricoles, ils bornent eux-mêmes leur destinée, et leur petit pécule, divisé et subdivé entre leurs enfants, est souvent détruit entre leurs mains. Les seuls terrains du Vaucluse où il existe un capital disponible destiné à l'agriculture sont ceux où les premiers succès de la garance se sont fait sentir, et quelques endroits autour des villes, où se concentrent les économies faites dans le commerce.

Mais puisque la méthode du métayage est générale, c'est elle surtout qui doit nous éclairer sur l'état de la culture du blé. Voyons donc avec quel succès elle lutte contre ces obstacles. Il serait naturel d'établir nos calculs sur les terres de fertilité moyenne; mais la difficulté serait de connaître positivement cette moyenne. L'opération du cadastre a été faite avec trop d'ignorance et trop de partialité pour que ce fût une base suffisante, quand bien même il serait achevé. Nous ne pouvons donc être guidé dans cette appréciation que par un certain tact, l'habitude d'avoir des terres, et l'avantage de posséder dans ce pays des propriétés dispersées dans des terrains de nature très-variée. L'auteur de la Statistique de Vaucluse, travaillant d'après des données semblables, nous paraît s'être assez rapproché de la moyenne que nous cherchons, en fixant (page 293) la quantité de grains récoltés à 8 hectolitres par hectare. Cependant, en considérant la proportion des terres infertiles aux bonnes terres dans ce département, je serais plutôt disposé à croire que l'évaluation pèche par excès. D'ailleurs, dans la matière qui nous occupe, je ne tiens à fixer cette moyenne que pour prendre une base plus élevée encore. En prouvant le plus, j'aurai prouvé le moins. J'établis donc mes calculs sur des terres qui produisent 12 hectolitres par hectare. Le compte que je vais présenter est tronqué : il y manque le tableau des cultures industrielles associées; mais il fallait procéder ainsi pour apprécier séparément les produits du blé.

Tableau des produits d'une exploitation de dix hectares dans l'assolement de 1. jachère ; 2. blé, sous le régime du métayage.

Compte du maître.

Moitié de 60 hectolitres de blé, au prix moyen de 24 francs. . . . . 720 fr. c.

Le fermier peut tenir par hectare environ deux bêtes à laine qui se nourrissent sur les chaumes, et de plus un cochon qui vit des débris du ménage. Dans des terres de cette fertilité, il est d'usage que le maître reçoive, pour sa part de ces produits, la somme de 12 fr. par hectare. 120   »

Sur la basse-cour une douzaine de poulets. 18   »

Douze douzaines d'œufs à 45 cent.   5   40

TOTAL. . . 863 fr. 4 c.

A déduire :

Pour impositions. . . . . 100 fr. » c.
Pour rente de 25 ares de prairies
cédées au fermier pour la consomma-
tion de ses bêtes de travail.   60   »
Réparation des bâtiments.   20   »

TOTAL. . . . 180 fr. » c.

Reste pour payer la rente du fonds 683 fr. 40 c.,
ce qui suppose une rente de 68 fr. 34 c. par hectare de terres fort supérieures à celles de la
moyenne du pays. Or un hectare de terre pareille
se vendrait au moins 2400 fr. C'est donc 2 fr. 84 c.
pour 100 que l'on retire de son capital, en se li-
vrant uniquement à la culture du blé. Le compte
du fermier, que nous allons présenter, concorde
parfaitement avec celui-ci.

Compte du fermier.

Moitié de 60 hectolitres de blé. . . .   720 fr.
Sous ce régime misérable, le troupeau
ne peut payer aucune rente ; les frais
de garde absorbent les produits. Mais
comme cette garde est ordinairement
confiée à un des enfants du fermier, qu'il
serait également obligé de nourrir,
il compte sur ce produit pour environ
6 francs par bête.   120
Un cochon gras, déduction faite de
la valeur d'achat. Les cochons engraissés

A reporter. . . . . . 840 fr.

Report. . . . . 840 fr.

dès leur première année parviennent rarement à deux quintaux.   80

Une truie ou l'équivalent en élèves.   80

Basse-cour.   50

TOTAL. 1,050

A *déduire :*

Semences fournies entièrement par le métayer,
dès que le produit de la terre dépasse 10 hectolitres par hectare en moyenne; ainsi, 10 hectolitres
de semence à 24 francs.. . . . . 240 f. c.

Rente en argent, payée au maître. . . 120 »

Blé pour sa nourriture et celle du petit
berger, 8 hectolitres à 24 francs. . . . . 192 »

Vin (il n'en boit que dans les grandes
chaleurs et les grands travaux et trem-
pé d'eau), 12 décalitres à 1 fr. 25 c. . .   15 »

Lard. . . . .   25 »

Huile. . . . .   20 »

Intérêt de la valeur des bêtes de travail, deux mules à 600 fr. la paire. . .   60 »

Intérêt et usage des instruments et
charrettes. 30 60

Maréchal. . . . .   20 »

Bourrelier. . . . .   10 »

TOTAL. . . . 732 60

Reste pour gages et bénéfice. . . 317 f. 40

Ce bénéfice ne représente exactement que les gages d'un maître-valet. Observons aussi que tous nos métayers ont une famille dont la nourriture doit être prélevée sur ce produit, qui ne laisse aucun reste s'ils ont une femme et deux enfants. Enfin il ne faut pas oublier que cet état est celui de métayer placé sur des terres d'une valeur bien supérieure à la moyenne, et, par conséquent, dans une position très-favorable.

Ces résultats doivent nous porter à réfléchir sur leurs causes. Pourquoi le blé nous coûte-t-il si cher à recueillir? Ne peut-on remédier à ce vice radical par des moyens inhérents à la culture du blé? Je réponds à ces deux questions que ce qui surcharge ainsi le compte du blé, c'est le temps perdu. On perd ce temps à cause de la mauvaise répartition des cultures dans les diverses saisons de l'année. Pour remédier à ce mal, il faut adopter un assolement qui emploie utilement le temps du fermier et de son attelage dans les intervalles où il ne fait maintenant que consommer en pure perte les produits du sol. Il est utile de mettre ces assertions hors de doute, et je ne puis le faire ici d'une manière plus évidente qu'en extrayant du journal d'une exploitation les journées utiles consacrées dans chaque mois à la culture ou à la récolte du blé, dans une ferme d'une étendue de dix hectares, et cultivée par un métayer et deux mules. On sera étonné à la fois de la mauvaise répartition de l'ouvrage et du petit nombre des journées de travail.

MOIS.	NATURE DU TRAVAIL.	QUANTITÉ de JOURNÉES d'hommes.	QUANTITÉ de JOURNÉES de bêtes.
Janvier.	Bêcher pour légume et jard.	12	»
	Sortir le fumier de la berger.	2	»
Février.	Charrier le fumier. . .	2	4
	Bêcher.	12	»
Mars.	Premier labour. . . .	8	16
	Semer pommes de terre. .	1	2
Avril.	Premier labour. . . .	7	14
	Jardinage.	2	»
Mai.	Jardinage.	2	»
	Rentrer le foin. . . .	2	2
Juin.	Second labour.	10	20
	Faucher le blé. . . .	11	»
Juillet.	Faucher le blé et l'entrer.	7	7
	Travaux de battage. . .	16	9
	Fumier.	1	»
	Jardin.	2	»
Août.	Travaux d'aire. . . .	2	3
	Troisième labour. . . .	5	10
	Second foin.	2	1
	Fumier.	1	2
	Jardin.	3	»
Septembre.	Troisième labour. . . .	6	12
	Semer orge pour dépaître.	1	2
	Fumier.	1	2
	Nettoyage des fossés. . .	4	»
	Jardin.	4	»
Octobre.	Semer.	15	15
Novembre.	Semer.	5	5
Décembre.	Bêcher.	12	»
	TOTAL. . . .	158	126

Ainsi, pendant les mois de décembre et de janvier, les bêtes de culture sont dans une oisiveté absolue, et, pendant la totalité de l'année, le métayer n'est occupé utilement que cent cinquante-

huit jours, et ses bêtes, que soixante-trois seulement. Un pareil ordre de choses est-il tolérable,
est-il possible? Il est vrai que, pour compléter ce
tableau, il faut ajouter, au compte des journées
d'hommes, une quinzaine de journées employées,
pendant le mois de mai, à aider sa femme dans l'é-
ducation des vers à soie; mais le tableau ci-dessus
n'en est pas moins l'expression exacte de la réalité, dans tous les pays où il n'y a pas de grande
culture de vigne qui occupe les animaux une partie de l'hiver.

Ces réflexions ont été faites et méditées par nos
plus grossiers métayers; ils ont senti, pour la plupart, l'importance d'employer les moments précieux qu'ils perdaient dans l'oisiveté; quelques-
uns, en petit nombre, ont cherché à faire tourner
à leur profit le temps qui s'écoule du mois d'octobre au mois de mars, en faisant leurs travaux
avec des bœufs, qu'ils engraissent l'hiver, pour en
acheter d'autres à l'ouverture des travaux. Cette
spéculation serait profitable si le fermier avait des
ressources pour rendre l'engraissement des bœufs
bien complet; mais, dès le moment qu'on vend une
bête à peine en chair, on doit s'attendre à peu de bénéfice. La réussite de ce moyen sera la suite d'une
amélioration considérable apportée à l'ensemble
de nos cultures. D'autres fermiers se procurent
des mules d'une force bien supérieure à celle exigée pour leurs travaux, et, dès que les semences
sont finies, ils se consacrent au roulage sur la
route de Marseille à Lyon et à Paris. J'en ai vu
peu réussir dans cette entreprise. Le roulage n'é-

tant pour eux qu'une affaire secondaire et la concurrence étant fort grande, les prix des transports
sont peu avantageux. D'ailleurs, ils prennent sur
la route des habitudes de paresse, de gourman-
dise, d'improbité, qui leur sont très-désavanta-
geuses. La perte de quelques mulets les décourage
ou les ruine ; souvent les moments les plus favorables à la culture se passent pendant leur éloignement et à leur propre détriment ; enfin leurs maîtres, mécontents de leurs absences, finissent
par les renvoyer. Ce moyen, qui peut paraître sé-
duisant au premier aperçu, est donc bien évidem-
ment désavantageux, et il faut en revenir forcément à des ressources sortant des travaux agricoles
eux-mêmes. Ces ressources ne peuvent être qu'un
bon assolement bien combiné.

§ 4. *Produits industriels associés à la culture du blé.*

Nous avons suffisamment démontré, dans le paragraphe précédent, que la culture du blé isolée
ne pourrait nullement se soutenir dans ce pays,
que la rente de la terre y serait non-seulement
très-faible, mais encore que le métayer ne recueil-
lerait pas, même sur des terres fort au-dessus des
médiocres, de quoi suffire à l'alimentation de sa famille.

Ce système alterne pouvait exister dans un temps
où les pâturages étaient fort étendus, où, par conséquent, la nourriture des bestiaux formait l'essen-
tiel et le labourage l'accessoire ; mais, depuis, les
défrichements progressifs, la diminution des en-

grais, la ressource des bestiaux enlevée, durent produire une période de misère fort grande parmi nos
cultivateurs. Ce fut dans cette situation qu'ils s'a-
donnèrent à la culture de l'olivier et s'y obstinèrent
malgré le climat. Ce produit, comme le plus propre
au commerce, fut le premier introduit; l'olivier
s'étendit alors jusqu'auprès de Valence. Le vin ne
devint que plus tard un objet de trafic; l'état des
routes, le défaut de communication des peuples
s'opposèrent longtemps au transport des vins de
qualité inférieure; ce n'est que depuis peu de temps
que cette branche est sortie de l'enfance par les
progrès de la distillation et par l'extension des
moyens de transport. Ainsi, ceux qui introduisirent
la culture des mûriers dans ce pays lui rendirent un
service signalé. Celle de l'olivier est maintenant fort
restreinte dans le Vaucluse; elle est bornée à des co-
teaux et à des abris particulièrement avantageux,
surtout dans les arrondissements de Carpentras et
d'Apt. La vigne fait des progrès très-importants, et
que je me propose d'apprécier dans la suite; mais
sa culture est aussi cantonnée; d'ailleurs, il est
rare que le propriétaire ne se la réserve pas, et
qu'elle soit abandonnée au métayer. Ainsi, c'est la
culture des mûriers qui s'est étendue partout, c'est
elle qui est la plus ordinairement associée à celle
des terres; c'est donc elle qui doit nous occuper
ici dans ses rapports avec la production du blé.

L'éducation des vers à soie arrive dans le moment où les grands travaux de la moisson ne sont
pas encore ouverts, et, avec un peu de prévoyance,
il est facile d'arranger les travaux d'une ferme de

manière à ce qu'elle n'emploie pas un temps précieux. Un fermier avec sa femme et leurs enfants, et une ouvrière pendant les huit derniers jours, dans le cas où les enfants sont très-jeunes, peuvent élever cinq onces de graine de vers à soie, et c'est justement la proportion que l'arrangement des terres me présente le plus souvent dans un domaine de dix hectares d'étendue. Il y aurait sans doute une déduction à faire sur les produits de cette récolte pour la quantité des sucs consommés par les mûriers au préjudice du blé, et elle deviendrait plus considérable encore dans un système d'assolement où l'on introduirait les prairies artificielles, à cause de l'espace vacant que l'on est obligé, dans ce cas, de laisser au pied des mûriers, qui sont singulièrement fatigués par le séjour des longues racines des légumineuses. La déduction à faire sur le produit des grains n'a pas été encore fixée expérimentalement pour tous les terrains; sur un terrain fertile et assez profond, je l'ai trouvée de 1 hectolitre 1/2 par once de graine pour les terres ensemencées. Quant à la déduction à faire pour les prairies artificielles, il serait plus facile de l'estimer, puisqu'on pourrait juger à l'œil de la distance convenable, dans chaque terrain, pour que la culture du fourrage ne portât pas préjudice aux mûriers. Mais il ne peut pas être question de cette dernière déduction dans nos circonstances agricoles actuelles, et quant à celle qu'il faudrait exercer sur les grains, bien des personnes pensent que l'engrais fourni par les vers à soie équivaut à peu près à ce que les mûriers consomment de sucs de la terre. Cette opinion n'est encore qu'une conjecture, qui devra subir avec le temps un examen sévère ; nous ne l'admettons que provisoirement (1).

Le compte du maître, dont la recette nette était de. . . . . 683 f. 40 c.
sera modifié ainsi qu'il suit : pour
moitié du produit de cinq onces de
vers à soie, donnant en moyenne
100 kilog. de cocons, à 2 fr. 50 cent.
le kilog. 125   »

Total. . . . . 808 f. 40 c.
A déduire pour entretien et intérêt
des claies à l'usage des vers à soie . 8 50

Reste net. . . . . 799 f. 90 c.
ou 79 fr. 99 c. par hectare, ou bien 3 fr. 33 c. pour 100 d'intérêt du capital.

Le compte du fermier sera modifié ainsı qu'il suit :
Restant net. . . . . 317 f. 40 c.
Moitié du produit de 5 onces de
vers à soie. 125   »

Total. . . . . 442 f. 40 c.
A déduire pour charbon et lumière,
pour chauffage et éclairage pendant
l'éducation. 10   »

Reste net. . . . . 432 f. 40 c.

(1) L'engrais des vers à soie fait plus que compenser l'épuisement de la terre ; mais il est porté dans les jardins, dans les chenevières, et les terres à blé en profitent peu.

sur laquelle somme il est évident que le métayer ne peut entretenir qu'une famille peu nombreuse.

Tels sont les efforts ordinaires tentés sur la plus grande partie de nos fonds. Dans quelques domaines, la proportion des cultures industrielles est plus forte, et alors la rente s'élève; dans d'autres, des localités propices, des montagnes étendues, permettent d'entretenir de nombreux troupeaux qui fournissent des engrais et augmentent le produit du blé. Ces deux circonstances font varier infiniment le prix de la rente; mais elle est certainement bien au-dessous de ce que je viens de fixer pour la plus grande partie des terrains, et dans les sols qui ne rapportent que 8 hectolitres, ce que nous avons regardé comme la moyenne, elle n'est pas au-dessus de 47 fr. 20 c. par hectare. Mon résultat est extrêmement rapproché de celui de l'auteur de la Statistique de Vaucluse, qui le fixe à 45 fr. (1).

§ 5. *Effets de l'importation.*

Le voisinage et la communication facile avec un pays plus abondant en grains sont un puissant encouragement pour se livrer à des cultures autres que celle du blé, puisqu'on ne peut que difficilement soutenir la concurrence avec ces pays plus favorisés; mais, d'un autre côté, les inconvénients

(1) Page 295. Nous sommes parvenus cependant à ces deux résultats par deux bases différentes, et il me serait facile de prouver qu'en adoptant la sienne le résultat serait fort différent ; cette rencontre n'est donc que fortuite.

d'une grande diminution de la culture de cette cé-
réale seraient immenses, en ce qu'ils nous feraient
dépendre entièrement du superflu des étrangers :
ressource précaire qui, après nous avoir surchargés
dans les années d'abondance, pourrait nous manquer au moment d'un véritable besoin.

Pour apprécier parfaitement les effets de cette
importation pour le département de Vaucluse, il
faut connaître : 1° les prix des blés sur les marchés
de Gray (département de la Haute-Saône), marchés
où se font les achats de grains importés dans ce
pays ; 2° la valeur intrinsèque du blé à Avignon,
dans une année moyenne, c'est-à-dire ce qu'il
a coûté au cultivateur pour le produire. Il est
clair que de ces deux valeurs il doit résulter une
moyenne, qui sera le véritable prix du blé dans
le Vaucluse (1).

En effet, il est clair que chaque hectolitre de
blé qui existe à Gray fait concurrence avec chaque
hectolitre de blé d'Avignon ; car deux pays réunis
par une communication facile doivent être considérés comme n'en faisant qu'un, et tant que les
prix d'Avignon excéderont ceux de Gray, l'importation aura lieu pour les mettre de niveau, proportion gardée, du reste, avec la valeur intrinsèque
de ces blés dans la fabrication du pain.

(1) Ce calcul n'est plus exact depuis que d'autres pays
sont entrés en concurrence avec la Bourgogne pour l'importation ; mais j'ai dû le laisser subsister comme un monument historique ; il peut d'ailleurs servir de type pour
en établir de nouveaux, plus adaptés aux circonstances actuelles.

De ces deux éléments l'un est très-facile à trouver : il résulte des mercuriales de la Haute-Saône ;
et, quoique ce prix soit déjà influencé par les
effets de l'exportation, on peut dire cependant
qu'année moyenne cet effet n'est pas très-sensible,
à cause de la faible proportion de cette exportation
relativement à la totalité des récoltes de ce pays.

Quant à la valeur que les frais de culture et la
rente ont donnée au blé dans le nôtre, elle tient à
des considérations plus délicates. En effet, la rente
de la terre n'est point une quantité fixe de sa nature ; elle varie infiniment et n'est le plus souvent
qu'un prix d'affection, tenant à une foule d'idées
morales et à un grand nombre de circonstances de
localité qu'il me semble impossible d'apprécier
exactement. J'ai donc dû chercher une autre méthode pour faire cette appréciation, méthode dans
laquelle la rente n'entrât pour rien.

Or, nous savons ce qu'il en coûte de journées
pour produire la quantité donnée de blé par le tableau inséré dans le troisième paragraphe ; si nous
connaissons la valeur de ces journées, nous pouvons connaître la valeur réelle de la moitié de la
récolte que représente le travail dans nos pays.
D'après le relevé de nos comptes, le prix des journées est ainsi qu'il suit :

	Fr. c.	Journées.	Montant.
Janvier.	. . 1, 40.	. . 14.	. . 19 f.60 c.
Février.	. . 1, 40.	. . 14.	. . 19, 60
Mars.	. . 1, 50.	. . 9.	. . 13, 50
Avril.	. . 1, 65.	. . 9.	. . 14, 85
Mai.	. . 1, 75.	. . 4.	. . 7, »
		A reporter.	. 74 f. 55 c.

	Fr. c.		*Report*	.	74 f. 55 c.
Juin	2	. .	21.	: .	42 »
Juillet. . .	2	. .	26.	. .	52 »
Août. . . .	2	. .	13.	. .	26 »
Septembre. .	1 75.	. .	16.	. .	28 »
Octobre. . .	1 65.	. .	15.	. .	24 75
Novembre . .	1 50.	. .	5.	. .	7 50
Décembre . .	1 40.	. .	12.	. .	16 80

$$271 \text{ f. } 60 \text{ c.}$$

Les journées des bêtes de travail résultent de leur valeur, de leur nourriture, de leur entretien, divisées par le nombre de journées utiles qu'elles font dans l'année.

La valeur moyenne d'un mulet de travail est de 288 fr.

Intérêt à 12 p. 100, compris le renouvellement.	34 f. 56 c.
Douze ares et demi de pré pour sa nourriture.	30 »
Paille, 80 quintaux à 1 fr. 50 c.	120 »
Avoine.	20 »
TOTAL. . . .	204 f. 56 c.

Ce qui, divisé par 150, nombre de journées utiles de bêtes entretenues avec cette parcimonie, donne 1 fr. 36 c. par journée (1).

Ainsi nous avons, pour la valeur de moitié d'une récolte moyenne, sur dix hectares de terre d'une valeur moyenne de ce pays :

Journées d'hommes.	271 f. 60 c.
Journées de bêtes.	171 36
Moitié des semences.	96 »
Entretien des instruments d'agriculture, ferrage, etc.	60 60
TOTAL. . . .	599 f. 56 c.

(1) Nous avons vu que 126 journées seulement étaient employées utilement sur la propriété.

Examinons maintenant ce qui arrive dans les hypothèses d'une récolte moyenne, d'une récolte très-abondante et d'une récolte mauvaise.

Dans une année moyenne, dix hectares de terre produisent, en moyenne, 40 hectolitres de blé, dont moitié représente les frais de culture; ainsi le prix réel du grain sera de 29 fr. 97 c. dans le Vaucluse.

Si nous prenons le prix moyen du blé à Gray, pendant six années, 1808 à 1813, nous trouvons qu'il est de 20 fr. 40 c. ; nous trouverons aussi que ce prix est le prix moyen de l'année 1813 dans le département de la Haute-Saône; cette année est donc une année moyenne.

Ainsi nous avons pour prix de 2 hectolitres de grains, pris l'un à Gray et l'autre à Avignon :

Un hectolitre de blé à Avignon. . .	29 f.	97 c.
Un hectolitre de blé à Gray. . . .	20	40
Différence de valeur intrinsèque du blé		»
de Bourgogne au blé de Vaucluse. . .	2	»
Frais de transport et avaries. . . .	1	
	53 f.	37 c.
Prix moyen d'un hectolitre.	26	69

Le prix moyen fut à Avignon, pendant cette année, de 26 fr. 35 cent. L'effet de l'importation fut donc de baisser les prix de 3 fr. 28 cent. pour le propriétaire.

Dans une année abondante, comme fut, par exemple, celle de 1809, dix hectares de terre produisent, en moyenne, 55 hectolitres de grains, dont moitié représente les frais de culture; ainsi le prix réel du grain était, dans le Vaucluse, de

8

21 f. 80 c. Les prix du marché de Gray furent, en moyenne, de 12 fr. 33 c.

Ainsi nous avons :

Un hectolitre de blé à Avignon. . .	21 f.	80 c.
Un hectolitre de blé à Gray. . . .	12	33
Différence de valeur intrinsèque. . .	1	20
Frais de transport et avaries. . . .	1	»
	36 f.	33 c.
Prix moyen. . . .	18	16

Le prix du grain fut à Avignon de 19 fr. 70 c., sans doute à cause de la surabondance du blé de Bourgogne, qui fit rechercher un peu plus le blé du pays ; ainsi l'effet de l'importation fut de faire perdre au cultivateur 2 fr. 10 c. par hectolitre.

Enfin, dans une mauvaise année comme fut celle de 1811, les terres produisirent, en moyenne, environ 25 hectolitres de blé par dix hectares, dont la moitié représente le travail ; c'est 48 fr. par hectolitre. A Gray, le prix moyen fut de 25 fr. 46 c.

Ainsi :

Un hectolitre de blé à Avignon. . .	48 f.	» c.
Un hectolitre de blé à Gray. . . .	25	46
Différence intrinsèque.	4	»
Transport, avaries.	1	»
	78 f.	46 c
Prix moyen. . . .	39	23

Le prix moyen fut, à Avignon, de 37 fr. 47 c. Ainsi l'effet de l'importation fut d'abaisser le prix, pour les cultivateurs, de 10 fr. 53 c. par hectolitre, ce qui les mit en grande perte. Aussi la détresse était-elle extrême parmi les cultivateurs de blé sur des terres d'une qualité inférieure.

Il resterait encore deux cas à examiner : 1º celui où la récolte est bonne en Bourgogne et mauvaise dans le Vaucluse : alors les prix baissent encore dans une plus grande proportion, et les pertes de nos cultivateurs sont extrêmement fortes ; 2º celui où la récolte est bonne dans le Vaucluse et mauvaise en Bourgogne, mais alors il n'y a aucune compensation. La violence du courant du Rhône nous empêche de porter nos grains dans la Haute-Saône, et la cherté dans ce pays ne contribue en rien à la hausse des prix chez nous. Le creusement d'un canal parallèle au lit du fleuve (1) pourrait seul produire cet effet.

Je voudrais finir cet article en estimant avec exactitude la quantité des grains arrivés à Avignon et destinés pour le département de Vaucluse ; mais les bases véritables d'un tel travail nous manquent.

Le port d'Avignon sert d'entrepôt à plusieurs départements, et les arrivages de grains ne nous indiquent nullement ce qui se consomme chez nous. Cependant, d'après des calculs approximatifs, j'ai lieu de croire que, dans une bonne année, le département fournit, de plus que sa consommation, 95,647 hectolitres qui s'exportent à Marseille pour une somme d'environ 2 millions ; que, dans les années moyennes, il reçoit 50,000 hectolitres pour la somme de 1,200,000 fr., et que, dans les mauvaises, il importe 193,000 hectolitres, pour la somme de 7 millions environ.

Ce qui donnerait, pour huit années composées,

_____

(1) Ou la construction d'un chemin de fer.

comme l'expérience l'indique, de deux bonnes, deux mauvaises et quatre médiocres :

Pour quatre moyennes.	4,800,000 f.
Pour deux mauvaises.	14,000,000
TOTAL de l'importation. . .	18,800,000 f.
A déduire pour l'exportation de deux bonnes années.	4,000,000
	14,800,0000 f.
Ou par année moyenne. . . .	1,850,0000

Ce qui ne représente qu'environ la moitié du produit de la récolte de la soie dans ce département (1).

Je m'arrête ici, puisque je me trouve dans le champ des conjectures, et je ne puis que répéter, en finissant, les vœux que j'ai faits dans ce mémoire, pour que les cultures industrielles soient activement associées à la culture du blé ; pour que célle-ci, entreprise avec les connaissances et les capitaux nécessaires, donne des résultats plus heureux, et permette enfin de faire cesser la position désavantageuse où nous sommes à l'égard de nos voisins, bien moins favorisés que nous par la nature.

(1) Il m'est démontré maintenant que M. Pazzis, dans la Statistique de Vaucluse, a affaibli toutes ces évaluations ; comment sans cela, me trouverais-je toujours précisément de moitié au-dessous de tous ses calculs, des calculs d'un homme qui a pu consulter toutes les autorités et tous les documents? Il porta à 4,208,600 fr. la valeur du grain importé dans le Vaucluse, année moyenne, et la récolte de soie que je porte à 4,342,400 fr., il l'estime 2,460,000 fr. On a déjà vu que les estimations sur la garance étaient fort inférieures aux miennes. Voyez *Bibl. brit.*, décembre 1815.

Je crois avoir donné la solution demandée par
M. de Fellenberg. Oui, la culture du blé alternant
avec la jachère est désavantageuse, et ne pourrait
se soutenir sans ses accessoires. Heureux mes compatriotes s'ils pouvaient avoir sous les yeux un
aussi grand modèle ! Puissent les sentiments sin-
cères d'admiration qu'il a fait naître en moi donner
à quelqu'un de nos grands propriétaires le désir de
le connaître et de l'imiter ! Ce moyen d'illustrer et
d'honorer sa vie ne dépend ni de la faveur, ni des
circonstances, et j'ose croire que celui qui l'adop-
terait acquerrait à la fois plus de vraie gloire et
plus d'estime publique qu'à la tête d'un escadron
ou dans les antichambres d'un palais. Au moins
ne sommes-nous pas encore blasés sur ce nouveau
genre d'illustration.

RÉPONSES AUX QUESTIONS

DE LA SOCIÉTÉ CENTRALE D'AGRICULTURE,

SUR LE DÉPIQUAGE DES GRAINS,

DANS LE DÉPARTEMENT DE VAUCLUSE ET DANS L'ARRONDISSEMENT
DE TARASCON (BOUCHES-DU-RHÔNE) (1).

On a voulu quelquefois assigner une origine moderne au dépiquage du blé dans nos provinces
méridionales, en supposant que c'est seulement au
temps des croisades que l'on rapporta cette coutume d'Asie; mais il suffit de savoir que cette méthode était générale dans l'Italie méditerranéenne,
comme on le voit par les auteurs agronomiques
anciens, entre autres par Varron, liv. I, chap. 52,
et de connaître la parfaite similitude de ce climat
et de celui de la partie de la France où se cultive
l'olivier, pour être certain que le dépiquage des
blés était commun à tous les peuples qui habitaient
les rives de la Méditerranée.

Le dépiquage a sans doute de grands avantages :
la récolte se fait rapidement ; le cultivateur connaît
en peu de temps la qualité de ses produits ; il peut

(1) Ces réponses, qui ont été insérées dans le *Recueil
des Mémoires de la Société centrale d'Agriculture*, com-
plètent les renseignements contenus dans les Mémoires
précités et relatifs à la culture ordinaire du blé dans les départements méridionaux de la rive gauche du Rhône.

les enfermer sous clef et les dérober à l'infidélité ;
mais ce procédé a aussi ses inconvénients, et le
plus grand est celui dont on se doute le moins :
c'est qu'il coûte très-cher, a peu près aussi cher
que le battage au fléau. La célérité de l'opération
a contribué à aveugler à cet égard les plus habiles,
qui n'ont jamais fait leur compte, ou qui ne l'ont jamais comparé à ce qui se passe dans les pays du
Nord. Avec un peu de réflexion, on verra qu'il n'en
pouvait être autrement.

On emploie pour le dépiquage des animaux d'une
grande force, et cette force n'a d'autre usage que de
leur imprimer une allure assez vive pour n'opérer
sur le grain que par une très-petite surface, celle de
la partie inférieure du sabot. On a peine à se figu-
rer qu'on ne cherche pas à les utiliser depuis longtemps d'une manière plus complète, et pourtant les
exemples ne manquent pas. De temps immémorial
on emploie, en Syrie et en Égypte, des chariots
ou des traîneaux, qui répartissent la force des animaux sur une plus vaste surface, et qui remplacent
cent ainsi l'usage des rouleaux. La Bible nous a
déjà conservé la description de la machine qui
était usitée à cet effet (Isaïe, chap. XXVIII, vers. 28,
chap. XLI, vers. 15, et alibi); et Varron, au lieu cité
plus haut, nous décrit aussi le traîneau dont on se
servait en Italie. On s'explique à peine comment
l'usage du rouleau plus perfectionné encore,
par exemple celui usité en Piémont et celui de
M. de Puymaurin, qui est resté dans quelques
fermes de Toulouse, n'a pas pu se propager plus
rapidement. De mauvais modèles de rouleau n'ont

pas peu contribué à décrier cet utile instrument, et les bons sont coûteux à établir ; voilà, je crois, la vraie raison. Mais tous ces instruments céderont aux bonnes machines à battre, si on vient un jour à les établir à des prix convenables ; et ici la cause qui retardera leur introduction dans le Nord, celle de l'état de broiement de la paille, ne prévaudra pas, puisqu'on ne conçoit pas que l'on puisse utiliser la paille pour les animaux et la litière dans un autre état que celui où la réduit le foulage. Après m'être ainsi expliqué clairement sur l'opération du dépiquage, après avoir bien fait entendre que je regarde cette opération comme coûteuse et défectueuse, et en avoir donné les motifs, je vais répondre aux questions qui ont été adressées par la Société à ses correspondants. Mes réponses s'appliqueront au département de Vaucluse et à l'arrondissement de Tarascon, dans le département des Bouches-du-Rhône.

PREMIÈRE QUESTION.

Le dépiquage est-il le seul mode de battage ou égrenage des gerbes, en usage dans le département?

R. Le dépiquage est seul usité.

DEUXIÈME QUESTION.

Chaque cultivateur ou propriétaire a-t-il une aire pour son usage particulier?

R. Tous les corps de ferme ont leur aire ; mais les cultivateurs qui n'ont pas de bâtiments de ferme, et seulement des terres écartées, dépiquent le blé sur l'aire publique dont un grand nombre de communes sont pourvues, ou sur quelque terrain voisin, qui se loue à cet effet.

TROISIÈME QUESTION.

Quelle en est le plus ordinairement la dimension re·lativement à l'étendue de la culture?

R. L'étendue de l'aire est relative au nombre de chevaux que l'on emploie chaque jour au dépiquage, et non à l'étendue de la ferme. Si l'on foule une récolte ·considérable avec un petit nombre de chevaux, c'est-à-dire en un plus grand nombre de journées, il suffit qu'on y puisse ranger les gerbes et la paille que ces chevaux peuvent fouler en un jour. Aussi, dans la plus grande partie du département de Vaucluse, où les fermiers n'emploient que les chevaux de leurs fermes et quelques-uns de ceux de leurs voisins, avec lesquels ils s'associent à cet effet, les aires sont-elles moins grandes que dans celui des Bouches-du-Rhône, et dans les environs de Cavaillon, où l'on foule avec de nombreux chevaux camargues. Chaque cheval employé à cette opération exige 26 mètres carrés pour l'espace destiné à étendre les gerbes, 12 mètres pour retourner la paille, et 12 mètres pour la ranger : total, 50 mètres carrés environ.

QUATRIÈME QUESTION.

Les grains sont-ils coupés près de terre, ou laisse-·t on des chaumes élevés?

Les grains sont coupés rez terre au moyen de la faux; ils sont moissonnés par la faucille, aussi ras terre, dans les environs de Tarascon, excepté dans les terrains trop garnis de *centaurea solstitialis*, qui éloigne la main du moissonneur.

CINQUIÈME QUESTION.

Dans ce dernier cas, quel parti tire-t-on des chaumes?

R. On fauche alors les chaumes, on les fait fouler aux chevaux pour faire tomber les épines des calices de la solstitiale, et ce mélange devient un bon fourrage d'hiver. D'autres fois on brûle le chaume sur la place, quand le fourrage n'est pas rare, ou on le vend à des personnes qui l'exploitent à raison de 15 fr. la charretée de deux colliers.

SIXIÈME QUESTION.

*Quelle longueur se trouve avoir communément **la** gerbe de grains, et quelle est celle du chaume ?*

R. Cette année (1826), la gerbe de grains avait 1 mètre de longueur, et le chaume $0^m,055$. Les blés du Midi sont toujours moins élevés que ceux du Nord.

SEPTIÈME QUESTION.

Les gerbes, au fur et à mesure de la récolte, se ramassent en tas ou en meules, rangés près des aires ; ces meules ou amas de gerbes sont toujours battus fort peu de temps après avoir été ramassés. Quel temps s'écoule ordinairement entre la fin de la moisson et la terminaison du dépiquage ?

R. Une quinzaine de jours environ.

HUITIÈME QUESTION.

Le dépiquage se fait-il avec les chevaux ou mulets appartenant au cultivateur, ou avec des chevaux, juments ou mulets de louage, destinés spécialement à ce travail?

R. Dans la plus grande partie du département de Vaucluse, le dépiquage se fait avec les chevaux des cultivateurs, qui s'aident entre eux. Vers Cavaillon, on reçoit, comme dans les Bouches-du-Rhône, les chevaux camargues; on loue aussi des animaux aux cultivateurs qui, ayant fini leur propre travail, les cèdent à ceux qui en ont besoin.

NEUVIÈME QUESTION.

Dans ce dernier cas, quelles sont les conditions de ce louage? Les animaux dépiqueurs sont-ils exclusivement dirigés par leurs maîtres? Ceux-ci prennent-ils quelque autre part au travail du dépiquage, ou quels aides leur donne-t-on? Que font ces derniers?

R. Les conditions, pour les bêtes du pays, sont de 8 à 10 fr. par couple, avec un conducteur, sans la nourriture, ou de 5 à 7 fr. avec la nourriture des bêtes et du conducteur.

Pour les bêtes de Camargue, 4 pour 100 de la récolte, ou un prix fixe de 20 à 30 fr. par journée de douze bêtes et deux conducteurs, avec la nourriture; ce nombre de bêtes travaillant constitue un *rode*. Le rode est conduit par un gardien et un jeune homme, et est composé de quinze à dix-huit bêtes, dont douze travaillent; les autres servent à les relever.

Le prix varie selon l'abondance des gerbes et la demande des fermiers.

DIXIÈME QUESTION.

Quelle rétribution est attachée au travail des chevaux ou juments loués? quelle à celui de leurs maîtres? ou l'une et l'autre est-elle confondue dans un même prix?

R. Répondu à la neuvième question.

ONZIÈME QUESTION.

Quelle est celle accordée aux hommes ou femmes faisant les travaux non exécutés par les maîtres des animaux dépiqueurs?

R. On n'emploie généralement que des hommes aux travaux des aires, et on les paie à raison de 2 fr. à 2 fr. 50 c. par journée, sans nourriture; les journées commencent au jour et finissent au coucher du soleil.

DOUZIÈME QUESTION.

Nourrit-on en totalité ou en partie les ouvriers et les animaux? Quelle est cette nourriture, et à combien l'évalue-t-on?

R. Voyez ci-dessus.

TREIZIÈME QUESTION.

Combien place-t-on de gerbes sur une aire dont l'étendue sera fixée?

R. Le nombre des gerbes n'est pas proportionné à l'étendue de l'aire, mais au nombre des chevaux qui dépiquent, environ quatre cents pour la journée d'un cheval. Ainsi, pour un rode de douze chevaux, on établit les gerbes sur un parallélogramme de 35 mètres de long sur 9 de large, ou 315 mètres carrés, qui contiennent 4800 gerbes. Pour deux rodes de douze chevaux chacun, il faudrait une surface de 70 mètres de longueur sur 9 mètres de largeur, ou, si le terrain ne le permettait pas, on augmenterait la largeur de manière à avoir 630 mètres carrés, ou 9600 gerbes.

QUATORZIÈME QUESTION.

Combien de personnes et d'animaux sont occupés aux manœuvres de toute espèce?

R. Comme il suit : pour

NOMBRE de GERBES.	NOMBRE D'HOMMES pour conduire les chevaux.	NOMBRE D'HOMMES pour remuer la paille.
400	1	1
800	1	1
1600	1	2
3200	1	4
4000	1	5
4800	1	6
9600	2	12

QUINZIÈME QUESTION.

Combien de temps exige le dépiquage d'une airée pour être parfait? Diviser ce temps en deux périodes, si l'opération comporte cette division.

R. Le dépiquage n'exige qu'un jour quand le

9

temps est beau et le nombre de gerbes proportionné au nombre des chevaux ; mais si le temps
est humide ou qu'il tombe de la pluie, il faut
recommencer le lendemain, et avec beaucoup de
difficulté, et quelquefois on a de la peine à achever en deux jours. La paille se brise mal alors, et
le grain a de la peine à sortir de ses enveloppes.
Cet accident n'est pas rare chez les gens pressés
ou imprudents ; mais le climat le rend bien moins
commun qu'on pourrait le croire et qu'il le serait
ailleurs

SEIZIÈME QUESTION.

*Enfin, combien, dans une journée moyenne, un nom-
bre donné de personnes et d'animaux employés au dépiquage peut-il égrener de gerbes ? Fixer le poids de
ces gerbes et leur rendement en grain, paille, menue
paille et déchets.*

NOTA. L'hectolitre ou ses subdivisions devront
être les mesures indicatives du rendement en
grains.

R. La première partie de cette question a reçu sa
réponse au n° 13 ; quant à l'autre, le poids ou le
rendement varie beaucoup. Cette année (1826),
8250 gerbes, pesant chacune 6,44 kilogr., ont
rendu 85,6 hectolitres de blé, ou, par gerbe, 1,03
litre.

En général, le grain pèse la moitié du poids de
la paille ; c'est une épreuve assez souvent renou-
velée chez nous, et qui confirme la règle donnée
par les agronomes du Nord ; mais cette année

(1826), où beaucoup de grain avait été secoué par les vents, j'ai voulu essayer d'en faire la pesée en détail ; voici le produit moyen des gerbes :

La paille. . . . . . 1,87 kilogr.	} 2,34 kil.	
Les balles et enveloppes. 0,47		
Le grain. 0,87		
TOTAL. . . 3,21		

Ici le grain ne va pas tout-à-fait à la moitié du poids de la paille, mais à un peu plus du tiers du poids de la paille réunie aux balles et enveloppes.

DIX-SEPTIÈME QUESTION.

A combien le prix en argent et la nourriture des hommes et des animaux employés portent-ils la dépense, proportionnellement à la valeur vénale du blé, ou combien pour 100 de cette valeur paye-t-on en dépenses de toute nature ?

R. En 1823, 111 hectol. de blé ont coûté 202 fr. 50 c., ci, par hectol. . . . . 1 fr. 82 c.

En 1824, 81 hectol., 212 fr. 22 c., ci. .	2	62
En 1825, 79 hectol., 160 fr., ci.	2	03
En 1826, 91 hectol., 176 fr. 50 c., ci. .	1	94
TOTAL. . .	8	41
Prix moyen du dépiquage par hectol. .	2	10

Ces prix comprennent tous les frais, depuis le moment où les grains ont fini d'être apportés des champs sur l'aire jusques à l'entrée des blés dans le grenier et à l'arrangement de la paille sur l'aire.

DIX-HUITIÈME QUESTION.

Emploie-t-on des bœufs au dépiquage ?

R. Non.

DIX-NEUVIÈME QUESTION.

Dans l'admission d'un ouvrage considéré comme bien fait, reste-t-il du grain dans les pailles après le dépiquage, et à combien pour 100 évalue-t-on ce qui peut en rester ?

R. Il reste toujours du grain dans la paille de la besogne considérée comme la mieux faite. Quand le blé est cher, il vient souvent des montagnes des gens qui rebattent toutes les pailles pour en retirer le grain qui y reste. Le terme moyen de ce qu'ils y trouvent est de 2 1/2 pour 100 de la récolte totale ; mais, dans les années humides, où les blés se dépouillent moins bien, un propriétaire m'a assuré qu'ils avaient trouvé chez lui jusqu'à 6 pour 100. Cela me paraît devoir être très-rare, et l'ouvrage devait avoir été fort mal fait, même avec les circonstances du mauvais temps.

VINGTIÈME QUESTION

Les animaux employés à ce travail sont-ils ferrés ? Y a-t-il une ferrure d'un genre particulier pour ce travail ?

R. Les chevaux et mulets des fermes restent ferrés ; mais on ne donne aucune forme particulière au fer. Les chevaux de Camargue ne le sont pas.

VINGT ET UNIÈME QUESTION.

Prend-on quelques précautions pour préserver les animaux des blessures que leur occasionneraient les piqûres continuelles des pailles à la couronne ?

R. Les couronnes, les paturons, et même le reste des extrémités de l'animal, jusqu'au genou et au jarret, sont piqués par les pailles de blé sans que j'en aie vu aucun mauvais résultat. On ne prend aucune précaution pour les en préserver.

VINGT-DEUXIÈME QUESTION.

De quel train marchent les animaux dépiqueurs ?

R. Au pas tant que les gerbes ne sont pas abattues; au trot quand elles le sont assez pour former une surface plane.

VINGT-TROISIÈME QUESTION.

Les gerbes sont-elles rangées sur l'aire étendues et couchées, ou inclinées l'une sur l'autre, ou debout et serrées l'une contre l'autre, mais toujours déliées ?

R. Les gerbes sont redressées, inclinées les unes sur les autres, et serrées l'une contre l'autre. On coupe les liens à mesure qu'on les place.

VINGT-QUATRIÈME QUESTION.

Combien de temps un cheval supporte-t-il le travail du dépiquage sans être relayé ?

R. Les reprises sont ordinairement de trois heures, après quoi on fait manger et reposer les chevaux une heure, pour recommencer ensuite. On fait trois reprises dans la journée ; la dernière est souvent un peu plus longue, s'il reste quelque chose à finir. Quant aux chevaux camargues, les gardiens ont soin d'avoir quelques bêtes de relais, pour soulager les plus faibles et les mères nourrices. Quoique les chevaux puissent fouler ainsi pendant un mois de suite, ils sont toujours faibles et maigres à la fin des dépiquages, qui sont mis au rang des travaux les plus fatigants de nos campagnes.

VINGT-CINQUIÈME QUESTION.

Revient-il au travail plusieurs fois dans un même jour, ou fournit-il son temps d'une seule haleine?

R. Répondu à l'article 24.

VINGT-SIXIÈME QUESTION.

Combien de fois les pailles sont-elles secouées pour en présenter toutes les parties au piétinement des animaux, et ne doit-on pas, après une première opération, séparer les pailles des grains qui sont provenus de ce premier tour de battage, les tirer de l'aire, et représenter les pailles, déjà dépiquées, à un nouveau travail?

R. Les gerbes rangées sur l'aire sont foulées par les chevaux tournant en spirale plutôt qu'en cercle, parce que le gardien, qui est au centre, ne cesse d'avancer successivement d'un bout à l'autre de l'aire, et vers les parties qui ont besoin d'être foulées.

Les hommes, armés de fourches de bois de micc oulier, dont la culture se fait à Sauve (Gard), commencent alors à enlever la paille la plus brisée, qui se trouve au-dessus des gerbes; après un nouveau tour, les gerbes se trouvent alors écrasées; ils retournent toute la paille qui est encore fort entière. Cette opération demande de l'effort et s'appelle *arracher*. A partir de ce moment, ils retournent plusieurs fois la paille, à mesure que l'aire est parcourue par les animaux, et jusqu'à ce qu'elle leur semble suffisamment foulée et dépouillée des grains. Le nombre de ces opérations varie de trois à cinq, selon la température du jour.

Quand la paille est entièrement foulée, on l'enlève légèrement et en la secouant, pour que le grain tombe à terre, et on en forme un banc à l'extrémité méridionale de l'aire. Alors on balaie l'aire avec des balais de genêt d'Espagne, ou de buplèvre frutiqueux, ou, de grenadier, ou enfin de quelques autres arbrisseaux à rameaux flexibles, et on fait au milieu de l'aire un tas allongé, qui la traverse de part en part, du levant au couchant, et qui contient le blé avec sa balle.

Le vannage commence alors, quand on obtient un bon vent, surtout celui du nord. Premier temps : on projette les grains au vent avec la fourche dont on s'est servi jusqu'alors, et en avançant successivement le long de la ligne des grains. Deuxième temps : on repasse le grain avec la petite fourche; c'est aussi une fourche de micocoulier, dont les dents sont d'un tiers plus rapprochées que dans celle qui a servi à la précédente opération. Troisième temps : ici on sert de la pelle pour achever de débarrasser le grain de sa balle. Quatrième temps : on passe le grain à un premier crible; on s'attache alors à y faire passer tous les grains, n'y retenant que les épis entiers qui ont été mal foulés et qu'on remet à part pour les fouler de nouveau; le crible n'a alors qu'un mouvement de va-et-vient.

Cinquième temps : on passe le grain à un second crible, auquel on donne un mouvement circulaire, pour que toutes les graines légères et les balles qui restent encore, ainsi que les grains qui n'ont pas été complétement dépouillés de leur enveloppe, viennent au-dessus et puissent être enlevés par le cribleur.

Alors on mesure le grain, on le transporte au grenier, et on range la paille en meule, ce qui complète le détail des opérations.

VINGT-SEPTIÈME QUESTION.

Lorsque les pailles sont considérées comme étant suffisamment battues, elles sont secouées parfaitement avec des fourches et séparées du grain, lequel est nettoyé; avec quels instruments ? En donner la description. Après cette double opération, les pailles doivent être remises en tas, et le grain monté au grenier. Le travail ne peut être regardé comme achevé que quand ces deux dernières conditions sont remplies. On est prié de faire entrer dans l'évaluation du prix du dépiquage tous les frais faits pour y parvenir.

R. Répondu plus haut, question vingt-sixième.

VINGT-HUITIÈME QUESTION.

La paille brisée à ce point doit être mêlée de terre et de fiente des animaux dépiqueurs ; leur urine doit contribuer à lui faire contracter un mauvais goût ; puis les souris et les rats qui s'y introduisent doivent encore venir l'accroître.

Remarque-t-on que ces inconvénients rendent la paille désagréable aux animaux, au point qu'ils refusent de la

fourrager, ou l'inconvénient est-il moindre qu'il ne sem-
ble devoir être?

R. L'urine est en faible quantité comparativement à la masse des pailles, et ne donne *sensible-*
ment aucun mauvais goût qui puisse dégoûter les
animaux. Les pailles, rangées sur l'aire, en plein
vent, sont peu sujettes à être attaquées par les
rats. Cet inconvénient n'est pas appréciable.

VINGT-NEUVIÈME QUESTION.

Le blé lui-même n'éprouve-t-il pas, par les mêmes
causes, quelque détérioration?

R. Le blé n'éprouve aucune détérioration. Après
ces opérations, j'en ai gardé pendant six ans, dans
des silos voûtés en pierre, qui n'avait éprouvé aucune altération.

TRENTIÈME QUESTION.

N'y en a-t-il pas d'écrasé par les pieds des chevaux,
et cela mérite-t-il d'arrêter l'attention?

R. Il n'y a pas de grains écrasés sous le pied des
chevaux; je ne m'en suis pas même aperçu sur les
aires pavées.

TRENTE ET UNIÈME QUESTION.

Bien que le climat de nos départements méridionaux
et la saison où le dépiquage s'exécute favorisent cette
opération, cependant on doit encore être surpris quel-
quefois par des pluies, des orages; il doit en résulter
un grand préjudice pour les grains comme pour les pail-
les. Cet inconvénient se présente-t-il assez fréquemment
pour être considéré comme d'une certaine importance?

R. Quand il survient des orages, la pluie pénètre peu, soit dans la graine encore mêlée à la paille et aux balles, soit dans le grain net lui-même, formé en tas coniques, sur lesquels la pluie coule rapidement, et un moment de soleil ou de vent, qui succède toujours bientôt à la pluie dans cette saison, suffit pour tout sécher.

TRENTE-DEUXIÈME QUESTION.

Les pailles, et surtout celle de seigle, sont employées, outre la nourriture et la litière des bestiaux, à des usages industriels ou d'économie domestique, tels que la fabrication des chapeaux, la garniture des chaises, la couverture des bâtiments ruraux. Celles qui ont souffert le dépiquage sont totalement impropres à ces emplois. Quel mode de battage emploie-t-on pour celles que l'on y destine, comme encore pour toutes celles qui doivent fournir les liens à la moisson?

R. On ne couvre pas les bâtiments ruraux avec la paille, et quant à la petite quantité qu'il en faut pour garnir des chaises, les fabricants de meubles ont soin de s'en procurer ce qu'il leur en faut, en faisant battre des gerbes sur le tonneau.

TRENTE-TROISIÈME QUESTION.

Plusieurs rouleaux ou cylindres ont été proposés ou essayés pour remplacer le piétinement des animaux; y en a-t-il quelques-uns dont l'usage ait prévalu?

R. On n'a point essayé de rouleau à dépiquer; mais je pense que, quand on pourra avoir une bonne machine à battre, elle sera préférée dans les grandes exploitations, et qu'on parviendra à l'établir dans les aires publiques autour des villes. C'est ainsi que, depuis quelques années, quand le vent manque, on trouve des machines à vanner dans nos aires, où on nettoie le grain pour 30 centimes par hectolitre.

TRENTE-QUATRIÈME QUESTION.

Quels avantages présentent-ils ?

R..Répondu au n° 33.

TRENTE-CINQUIÈME QUESTION.

Quelle dépense d'établissement ?

R. Répondu au n° 33.

TRENTE-SIXIÈME QUESTION.

Quelle économie, ou amélioration, ou accélération dans le travail ?

On est prié de vouloir bien donner la description et la figure de ces rouleaux, et les noms de leurs inventeurs, ainsi que de toute autre machine qui pourrait être employée pour remplacer le dépiquage.

R. Répondu au n° 33.

TRENTE-SEPTIÈME QUESTION.

Quelle influence juge-t-on que doivent avoir sur le prix des grains le battage immédiat et simultané, et la disponibilité de la totalité de la récolte ?

R. Il y a, en général, un peu de baisse à l'époque du dépiquage, à cause de la quantité de petits fermiers qui veulent vendre pour solder leurs fer-

mages et les comptes de leurs ouvriers, qui se
paient tous à la foire de Beaucaire (milieu de
juillet); mais cet effet, quand il est sensible, ne
l'est que pendant un temps très-court.

TRENTE-HUITIÈME QUESTION.

*N'en résulte-t-il pas une concurrence fort grande à
la vente pendant les mois qui suivent le dépiquage, et
rareté dans la saison plus avancée?*

R. Répondu au n° 37 ci-dessus.

TRENTE-NEUVIÈME QUESTION.

*Dans ce cas, n'y aurait-il pas détriment pour la
culture à l'avantage du commerce, auquel on ferait
trop beau jeu?*

R. Il y a beau jeu pour le commerce dans les
années de forte récolte, et de bas prix pendant un
mois environ; mais alors il ne s'avise guère de
spéculer. Quand les prix sont élevés, l'effet prévu
ne se réalise pas.

QUARANTIÈME QUESTION.

*Quels seraient, puisque le climat permet de se passer
de granges, les inconvénients de la conservation des
grains en meules ou tas au dehors, et du battage au
fur et à mesure du besoin des pailles pour la nourriture
des bestiaux, et des grains pour les rentrées d'argent?*

R. L'inconvénient de ne pas avoir un temps sec
et un beau soleil, après le mois de septembre.
Nous foulons pendant la saison la plus sèche de

l'année; plus tard, les aires seraient humides, trempées, et l'on serait souvent arrêté par les mauvais temps.

DU DÉPIQUAGE.

Si le fléau, dirigé par l'intelligence humaine, n'adressait ses coups qu'à la place où gisent les épis et laissait la paille entière, il est bien sensible que, quand les gerbes seront étendues sous les pieds des chevaux et que ceux-ci fouleront au hasard paille et épis, ils seront obligés de déployer une force beaucoup plus grande pour parvenir à dégager de la balle la même quantité de grain, puisqu'ils en emploieront une partie à briser la paille.

Pour parvenir à dépiquer 5200 gerbes du poids moyen de $7^k,5$ étendues sur une aire, M. Jaubert de Passa a trouvé que 24 chevaux avaient fait 672 tours au pas et 919 au trot; en tout 1591 tours (1).

	Les chevaux ont parcouru	et ont fait
Pendant les tours au pas, le pas de $1^m,25$.	$7^m,028$	5622 foulés.
— au petit trot, le temps de trot, 1,55.	12,839	8283
— au grand trot, le temps de trot, 2,40.	23,087	9619

Le cheval au pas élève deux de ses pieds à la hauteur de $0^m,07$ en les portant en avant de $1^m,25$; au

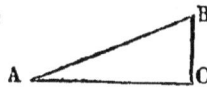

(1) *Mémoires de la Société centrale d'Agriculture*, page 314, etc.

petit trot, il élève le pied de 0ᵐ,15 en le portant
en avant de 1ᵐ,55 ; au grand trot, il l'élève de
0ᵐ,13 en le portant en avant de 2ᵐ,40. Son pied
arrive donc à frapper la gerbe non pas avec tout
son poids, mais avec son poids modifié par la dé-
composition de la force verticale, qui tend à peser
sur la terre, et de l'horizontale, qui tend à le trans-
porter en avant.

Nous avons donc :

Pour le pas. . .   1ᵐ,25 : R :: 0,07 : tang. de B = 00,56
Pour le trot. . .   1,55 : R :: 0,15 : tang. de B = 0,097
Pour le gr. trot. 2,40 : R :: 0,13 : taug. de B = 0,054

C'est au petit trot que le cheval pèse le plus
lourdement sur la paille. En supposant le cheval
du poids de 320 kilogr. et le multipliant par les
coefficients trouvés, nous aurons :

Pour l'action du pas. . .   5622 × 320 × 0,056 = 100,746 k.
    —   du petit trot. 8283 × 320 × 0,097 = 257,104
    —   du gr. trot. . 9669 × 320 × 0,054 = 166,216
                                              ─────────
                                               524,066
        Et pour 24 chevaux. . . . 12,777,584

Ce produit, divisé par 5200 gerbes, nous donne
2419 kil., près de 2 ½ fois la force nécessaire au
fléau, qui exige 937 kil. M. Jaubert de Passa battait
dans la journée 5918 gerbes, avec le travail de
24 chevaux et celui de 15 hommes.

Si nous supposons que la journée de l'homme
et celle du cheval soient de même valeur, nous
trouverons que, 39 journées ayant donné 5918
gerbes, 1 journée donne 153 gerbes de 7ᵏ,5 ou

$1147^k,5$ de gerbes. Nous avons vu que l'homme battait au fléau 80 gerbes de $8^k,5$, ou 680 kil. de gerbes; le dépiquage paraîtrait donc près de deux fois plus économique que le battage; mais cette proportion est loin d'être exacte, parce que le battage est un travail continu, et que le dépiquage, nécessitant un temps sec, laisse de longues journées de chômage, pendant lesquelles les animaux sont oisifs et les hommes peu occupés. Nous avons trouvé par notre expérience que l'on ne pouvait pas attribuer plus de 5 hectolitres à la journée de chaque cheval, aidé d'un travail à bras d'hommes dont la proportion décroît à mesure que le nombre des chevaux est plus considérable, mais qui, pour 24 chevaux, est de 14. Nous aurions ainsi pour 5 hectolitres :

1 journée de cheval.	1 f. 62 c.
$\frac{14}{24}$ d'une journée d'homme à 2 fr. .	1 17
	2 f. 79 c.
Ou par hectolitre. . .	0 56

Les loueurs de chevaux prennent 4 pour 100 du grain, et on est obligé de leur fournir les bras d'hommes; ainsi 5 hectolitres à 22 fr. valent 110 fr.; les $\frac{4}{100}$ sont de $4^f,40$; si l'on y ajoute $1^f,17$ pour la journée d'homme, nous aurons pour un hectolitre $1^f,114$ ($4^k,13$ de froment).

FIN.

BIBLIOTHÈQUE IMPÉRIALE

IMPR.

TABLE DES MATIÈRES.

FIN DE LA TABLE.

Paris. — Imprimerie d'E. Duverger, rue de Verneuil, 6.

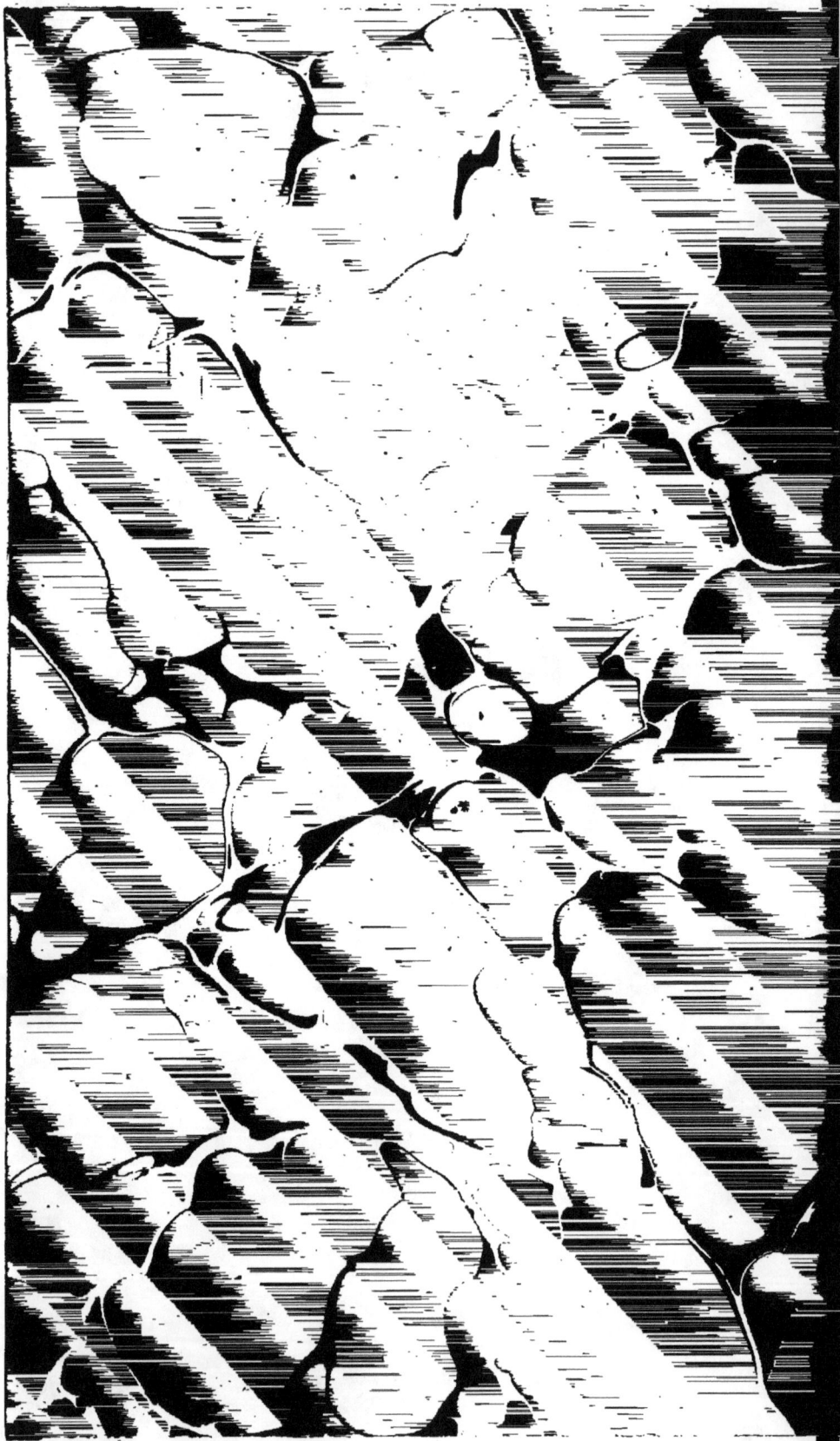

BIBLIOTHEQUE NATIONALE DE FRANCE

3 7531 00384427 2